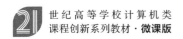

21世纪高等学校计算机类
课程创新系列教材·微课版

Python数据分析与挖掘算法
从入门到机器学习 微课视频版

张坤 / 编著

清华大学出版社

北京

内 容 简 介

本书共分为两大部分：第一部分为数据分析与挖掘，包括第1～15章，介绍了数据分析与挖掘简介、爬虫、Scrapy爬虫框架、NumPy基本用法、Pandas基本用法、Matplotlib基本用法、各种常用的回归和分类模型等；第二部分为机器学习，包括第16～19章，介绍了主成分分析法、集成学习、模型评估和初识深度学习框架Keras。本书从初学者的角度进行编写，易于理解，内容比较全面。本书注重实践，书中的每个知识点都有相应的Python实现代码和案例。

本书是一本针对爱好数据分析与挖掘、机器学习等相关知识的读者而编写的基础教程，尤其适用于全国高等学校的教师、在读学生及相关领域的爱好者。

图书在版编目(CIP)数据

Python数据分析与挖掘算法从入门到机器学习：微课视频版/张坤编著.—北京：清华大学出版社，2022.3

21世纪高等学校计算机类课程创新系列教材：微课版

ISBN 978-7-302-60016-9

Ⅰ.①P… Ⅱ.①张… Ⅲ.①软件工具－程序设计－高等学校－教材 ②数据采集－高等学校－教材
Ⅳ.①TP311.561②TP274

中国版本图书馆CIP数据核字(2022)第020307号

责任编辑：陈景辉　张爱华
封面设计：刘　键
责任校对：焦丽丽
责任印制：杨　艳

出版发行：清华大学出版社
  网　　　址：http://www.tup.com.cn，http://www.wqbook.com
  地　　　址：北京清华大学学研大厦A座　　邮　　编：100084
  社 总 机：010-83470000　　　　　　　　邮　　购：010-62786544
  投稿与读者服务：010-62776969，c-service@tup.tsinghua.edu.cn
  质量反馈：010-62772015，zhiliang@tup.tsinghua.edu.cn
  课件下载：http://www.tup.com.cn，010-83470236
印 装 者：三河市铭诚印务有限公司
经　　销：全国新华书店
开　　本：185mm×260mm　　印　张：14.75　　　　字　　数：358千字
版　　次：2022年5月第1版　　　　　　　　　　印　　次：2022年5月第1次印刷
印　　数：1～1500
定　　价：49.90元

产品编号：091746-01

随着大数据时代的到来,对"挖掘"到的数据要求变得越来越严格。数据挖掘(Data Mining,DM)是一门新兴的、汇聚多个学科的交叉性学科,也是从海量的数据中将未知、隐含及具备潜在价值的信息进行提取的过程。数据挖掘将高性能计算、机器学习、人工智能、模式识别、统计学、数据可视化、数据库技术和专家系统等多个范畴的理论和技术融合在一起。各行各业通过对海量数据的分析与挖掘,建立适当的体系,不断地优化,提高了决策的准确性,从而更利于掌握并顺应市场的变化。

本书系统地介绍了数据分析和数据挖掘的基础知识、典型的机器学习模型及利用 Python 实现数据挖掘与机器学习的过程。本书将基础理论、模型应用以及项目实践充分结合,有利于读者充分掌握与应用所学内容。

本书主要内容

全书共分为两大部分,共有 19 章。

第一部分数据分析与挖掘,包括第 1~15 章。第 1 章数据分析与挖掘简介,包括 Python 数据分析和挖掘任务中重要的库与工具、Anaconda 安装、Jupyter Notebook。第 2 章爬虫,包括爬虫的基本流程、HTTP、安装 PyCharm、应用举例。第 3 章 Scrapy 爬虫框架,包括基本原理、应用举例。第 4 章 NumPy 基本用法,包括 NumPy 创建数组、NumPy 查看数组属性、数组的基本操作、NumPy 运算、排序。第 5 章 Pandas 基本用法,包括 Series、DataFrame、应用举例。第 6 章 Matplotlib 基本用法,包括线型图、散点图、直方图、条形图、饼图、Seaborn、Pandas 中的绘图函数。第 7 章线性回归、岭回归、Lasso 回归,包括原理、应用举例。第 8 章 Logistic 回归分类模型,包括原理、应用举例。第 9 章决策树与随机森林,包括原理、应用举例。第 10 章 KNN 模型,包括原理、应用举例。第 11 章朴素贝叶斯模型,包括原理、应用举例。第 12 章 SVM 模型,包括原理、应用举例。第 13 章 K-means 聚类,包括原理、应用举例。第 14 章关联规则——Apriori 算法,包括原理、应用举例。第 15 章数据分析与挖掘项目实战,包括贷款预测问题、客户流失率问题。

第二部分机器学习,包括第 16~19 章。第 16 章主成分分析法,包括原理、应用举例。第 17 章集成学习,包括原理、应用举例。第 18 章模型评估,包括分类评估、回归评估、聚类评估、Scikit-learn 中的评估函数。第 19 章初识深度学习框架 Keras,包括关于 Keras、神经网络简介、Keras 神经网络模型、用 Keras 实现线性回归模型、用 Keras 实现鸢尾花分类、Keras 目标函数、性能评估函数、激活函数说明。

本书特色

(1) 本书目标明确,是为初学者量身定做的入门教程,内容系统全面,各章节相互独立,读者可以根据自己的需求选择使用。

（2）本书面向应用型人才培养编写，将原理的叙述进行精简，易于理解，辅以 Python 代码进行实践与应用，使读者通过实例更好地理解和掌握知识点。

配套资源

为便于教与学，本书配有 150 分钟微课视频、源代码、数据集、教学课件、教学大纲、教学日历。

（1）获取微课视频方式：读者可以先扫描本书封底的文泉云盘防盗码，再扫描书中相应的视频二维码，观看教学视频。

（2）获取源代码、数据集、全书网址和需要彩色展示的图片方式：先扫描本书封底的文泉云盘防盗码，再扫描下方二维码，即可获取。

源代码、数据集　　　　　全书网址　　　　　彩色图片

（3）其他配套资源可以扫描本书封底的"书圈"二维码，关注后输入书号，即可下载。

读者对象

本书是一本针对爱好数据分析与挖掘、机器学习等相关知识的读者而编写的基础教程，尤其适用于全国高等学校的教师、在读学生及相关领域的爱好者。

本书的编写参考了同类书籍和相关资料，在此向有关作者表示衷心的感谢。

由于编者水平有限，书中难免存在疏漏之处，恳请广大读者予以批评指正。

编　者

2022 年 2 月

目 录

第一部分　数据分析与挖掘

第二部分 机器学习

第一部分
数据分析与挖掘

第1章 数据分析与挖掘简介

什么是数据分析与挖掘技术？

数据分析即对已知的数据进行分析然后提取出一些有价值的信息，例如统计平均数、标准差等信息。数据分析的数据量有时可能不会太大。而数据挖掘是指对大量的数据进行分析与挖掘，得到一些未知的、有价值的信息等，例如从网站的用户或用户行为数据中挖掘出用户的潜在需求信息，从而对网站进行改善等。

数据分析与数据挖掘密不可分，数据挖掘是数据分析的提升。

在数据分析和数据挖掘处理领域，毫无疑问，Python 是主流语言，其原因有以下 5 点。

（1）Python 语法简单，代码量少。

（2）NumPy、SciPy、Pandas 和 Matplotlib 的科学计算生态圈过于强大。

（3）IPython 和 Jupyter Notebook 的交互式环境。

（4）容易整合 C/C++/FORTRAN 代码，使用以往的存量代码。

（5）从代码走向工程很快捷。

1.1 Python 数据分析和挖掘任务中重要的库与工具

1.1.1 NumPy

官方网站为 http://www.numpy.org/。

NumPy 库是 Python 数值计算的基石。它提供了多种数据结构、算法以及大部分涉及 Python 数值计算所需的接口。主要包括以下内容。

（1）快速、高效的多维数组对象 ndarray。

（2）基于元素的数组计算或者数组间的数学操作函数。

（3）用于读写硬盘中基于数组的数据集的工具。

（4）线性代数操作、傅里叶变换以及随机数生成。

（5）成熟的 C 语言 API，拓展代码。

1.1.2 SciPy

官方网站为 https://www.scipy.org/。

这个库是 Python 科学计算领域内针对不同标准问题域的包集合，主要包括以下内容。

integrate：数值积分求解和微分方程求解。

linalg：线性代数函数求解和基于 numpy.linalg 的矩阵分解。

optimize：函数优化器和求根算法。

signal：信号处理工具。

sparse：稀疏矩阵与稀疏线性系统求解器。

special：SPECFUN 的包装器。

stats：标准的连续和离散概率分布。

SciPy 与 NumPy 一起为很多传统科学计算应用提供了合理、完整、成熟的科学计算基础。

1.1.3　Pandas

官方网站为 http://pandas.pydata.org/。

Pandas 提供了高级数据结构和函数，使得利用结构化、表格化数据的工作快速、简单、有表现力。Pandas 兼具 NumPy 高性能的数组计算功能以及电子表格和关系数据库灵活的数据处理功能；提供复杂的索引函数，使得数据的重组、切块、切片、聚合、子集选择更为简单。Pandas 是数据分析和处理工作中实际使用占比最多的工具，使用频率最高，也是本书主要介绍的内容。

1.1.4　Matplotlib

官方网站为 https://matplotlib.org/。

Matplotlib 是最流行的用于制图以及其他数据可视化的 Python 库。在基于 Python 的数据可视化工作中，这个库是行业默认选择，虽然也有其他可视化库，但 Matplotlib 依然是使用最为广泛的库，并且与生态系统的其他库整合良好。

此工具也是本书主要介绍的内容，实际上，学会了这个工具，其他可视化库，甚至 Matlab 绘图，其基本方法都是类似的，可以一通百通。

1.1.5　Jupyter Notebook

官方网站为 https://jupyter.org/。

基于 Python 的交互式编程环境有 IPython、IPython Notebook 以及 Jupyter Notebook。但对于数据分析、处理、机器学习等相关工作，强烈推荐基于 Web 的 Jupyter Notebook。

1.1.6　Scikit-learn

官方网站为 https://scikit-learn.org/stable/。

如果说基于 Python 的机器学习，那么首推必须是 Scikit-learn 库，它属于必学工具。它主要包括以下子模块。

（1）分类：SVM、最近邻、随机森林、Logistic 回归等。

（2）回归：Lasso 回归、岭回归等。

（3）聚类：K-means 聚类、谱聚类等。

（4）降维：PCA、特征选择、矩阵分解等。

（5）模型选择：网格搜索、交叉验证、指标矩阵等。

（6）预处理：特征提取、正态化。

1.2　Anaconda 安装

Anaconda 是一个包含 180 多个科学包及其依赖项的发行版本。其包含的科学包括有 Conda、NumPy、Pandas、Matplotlib、SciPy、IPython Notebook 等。

下载地址为 https://www.anaconda.com/download/。

下面以 Anaconda3 5.2.0-Windows-x86_64 为例介绍其安装过程。安装界面如图 1-1 所示。

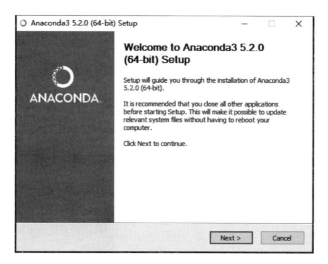

图 1-1　Anaconda 安装界面

单击 I Agree 按钮，如图 1-2 所示。

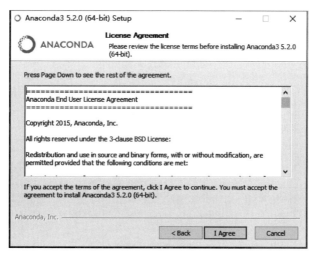

图 1-2　许可协议

选择 All Users 单选按钮，如图 1-3 所示。

选择安装路径，如图 1-4 所示。

单击图 1-5 中的 Install 按钮，开始安装。

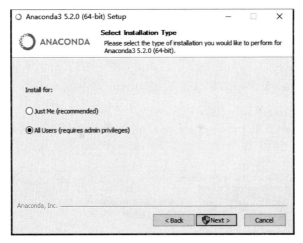

图 1-3　选择安装类型

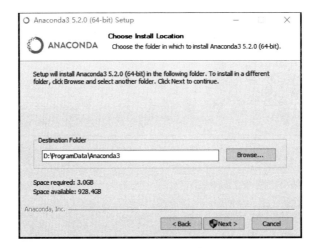

图 1-4　选择安装路径

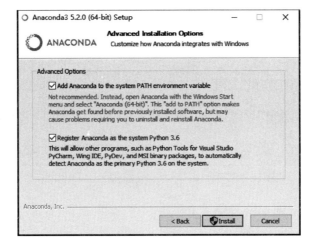

图 1-5　开始安装

安装结束，如图 1-6 所示。

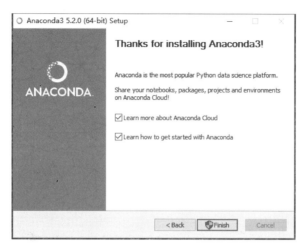

图 1-6　安装结束

1.3　Jupyter Notebook

Anaconda 中安装了 Jupyter Notebook。Jupyter Notebook 是集成了很多使用功能的编辑器，同时兼具交互式的优点。它支持多种语言，如 Python（IPython）、Julia、R 等。可以在同一个界面中保存展示代码，展现输出结果，以实时交互模式运行代码等，并且对新手非常友好，不需要过多的配置。

启用 Jupyter Notebook 有两种方式。

方式 1：单击安装时生成的快捷方式（方便，但不推荐使用），如图 1-7 所示。

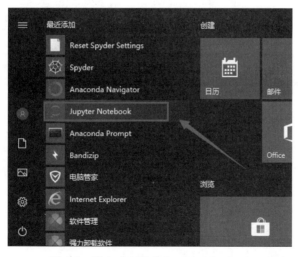

图 1-7　以方式 1 启动 Jupyter Notebook

方式 2：打开任意文件夹，输入 cmd 命令，打开命令窗口，如图 1-8 所示，在命令窗口中输入 jupyter notebook（推荐使用），如图 1-9 所示。

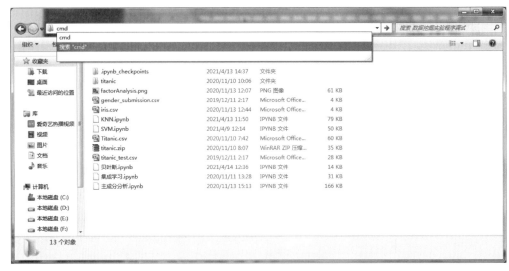

图 1-8　打开命令窗口

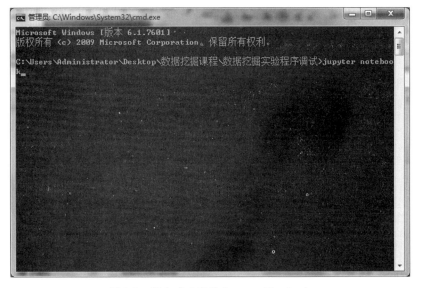

图 1-9　以方式 2 启动 Jupyter Notebook

出现如图 1-10 所示的 Jupyter Notebook 界面，表示 Jupyter Notebook 启动成功。

打开后依次选择 New→Python 3 选项，新建一个 Python 3 的扩展名为 .ipynb 的 Notebook 文件，如图 1-11 所示。

Notebook 文件的界面如图 1-12 所示，长方形方框称为单元，单击左上方 Untitled 选项，可以给 Notebook 文件重命名，如图 1-13 所示。

Jupyter Notebook 中常用的操作如下。

执行当前单元，并自动跳到下一个单元：按 Shift＋Enter 组合键。

执行当前单元，执行后不自动调转到下一个单元：按 Ctrl＋Enter 组合键。

使当前的单元进入编辑模式：按 Enter 键。

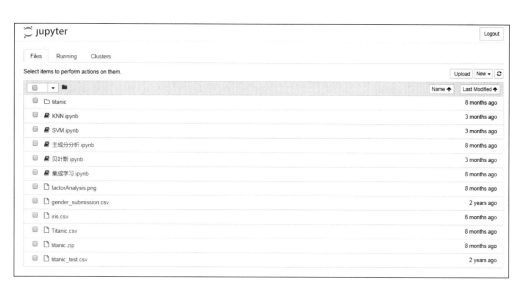

图 1-10 Jupyter Notebook 界面

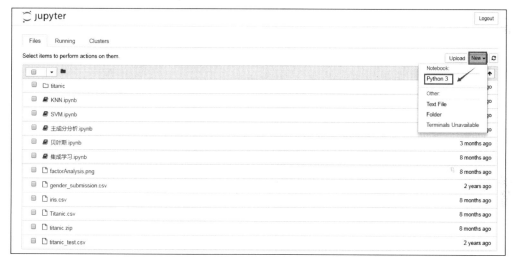

图 1-11 新建扩展名为.ipynb 的 Notebook 文件

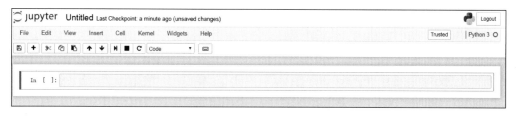

图 1-12 Notebook 文件的界面

退出当前单元的编辑模式：按 Esc 键。

在当前单元前创建新的单元格：按 A 键。

在当前单元后创建新的单元格：按 B 键。

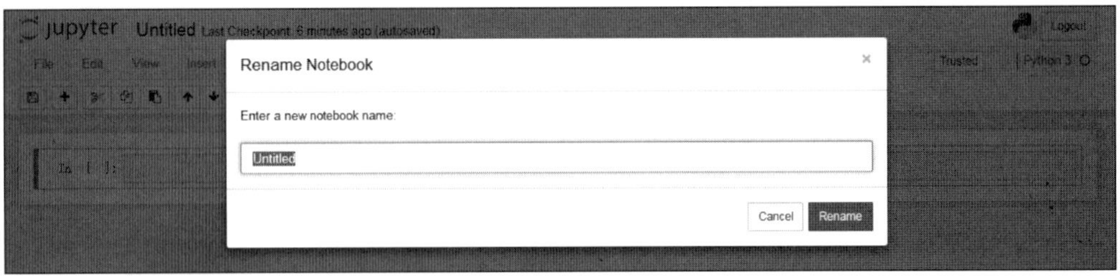

图 1-13　Notebook 文件重命名

删除当前的单元：连续按 D 键两次。

为当前的单元加入行号：按 L 键。

将当前的单元转换为具有一级标题的 markdown：按 1 键。

将当前的单元转换为具有二级标题的 markdown：按 2 键。

将当前的单元转换为具有三级标题的 markdown：按 3 键。

为一行或者多行添加/取消注释：按 Ctrl＋/组合键。

撤销对某个单元的删除：按 Z 键。

在浏览器的各个 Tab 之间切换：按 Ctrl＋PgUp 或 Ctrl＋PgDn 组合键。

快速跳转到首个单元：按 Ctrl＋Home 组合键。

快速跳转到最后一个单元：按 Ctrl＋End 组合键。

另外，如果有一个本地文件 test.py，需要将其载入 Jupyter Notebook 的一个单元中，在需要导入该段代码的单元中输入：

```
% load  test.py   ＃ test.py 是当前路径下的一个 Python 文件
```

利用 Jupyter Notebook 的单元同样可以运行 Python 文件，即在单元中运行如下代码：

```
% run file.py
```

爬　虫

数据挖掘的数据源可以是数据库数据、数据仓库和其他类型的数据,例如通过爬虫抓取的 Web 数据。如果把互联网比作一张大的蜘蛛网,数据便是存放于蜘蛛网的各个结点,而爬虫就是一只小蜘蛛,沿着网络抓取自己的猎物(数据)。爬虫指的是向网站发起请求,获取资源后分析并提取有用数据的程序。

从技术层面来说爬虫就是通过程序模拟浏览器请求站点的行为,把站点返回的 HTML 代码/JSON 数据/二进制数据(图片、视频) 爬到本地,进而提取自己需要的数据,存放起来使用。

2.1　爬虫的基本流程

用户获取网络数据的方式如下。

方式 1:浏览器提交请求→下载网页代码→解析成页面。

方式 2:模拟浏览器发起请求→获取响应内容→解析内容(提取有用的数据)→保存数据(存放于数据库或文件中)。

爬虫要做的就是方式 2,如图 2-1 所示。

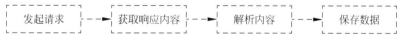

图 2-1　用户获取网络数据

1. 发起请求

使用 HTTP 库向目标站点发起请求,即发送一个 Request。

Request 包含请求头、请求体等。

Request 模块的缺陷:不能执行 JavaScript 和 CSS 代码。

2. 获取响应内容

如果服务器能正常响应,则会得到一个 Response。

Response 包含 HTML 数据、JSON 数据、图片、视频等。

3. 解析内容

解析 HTML 数据:正则表达式(re 模块),第三方解析库如 BeautifulSoup、Pyquery 等。

解析 JSON 数据:JSON 模块。

解析二进制数据:以 wb 的方式写入文件。

4. 保存数据

保存的数据存放在数据库（MySQL、MongoDB、Redis）或文件中。

2.2　HTTP

HTTP 的请求与响应如图 2-2 所示。

图 2-2　HTTP 的请求与响应

Request：用户将自己的信息通过浏览器发送给服务器。

Response：服务器接收请求，分析用户发来的请求信息，然后返回数据（返回的数据中可能包含其他链接，如图片、JavaScript、CSS 等）。

注意：浏览器在接收 Response 后，会解析其内容显示给用户，而爬虫程序模拟浏览器发送请求，然后接收 Response，提取其中的有用数据。

Request 的常见的请求方式：Get/Post。

1. 请求的 URL

URL（全球统一资源定位符）：用来定义互联网上一个唯一的资源。例如，一张图片、一个文件、一段视频等都可以用 URL 唯一确定。

2. 请求头

User-Agent：请求头中如果没有 User-Agent 客户端配置，服务端可能将你当作一个非法用户 host。

Cookie：用来保存登录信息。

注意：一般做爬虫都会加上请求头。

请求头需要注意的参数：

（1）Referrer：访问源从哪里来（一些大型网站会通过 Referrer 做防盗链策略，所以爬虫也要注意模拟）。

（2）User-Agent：访问的浏览器（要加上，否则会被当成爬虫程序）。

（3）Cookie：设置请求头注意携带 Cookie。

3. 请求体

如果是 Get 方式，请求体没有内容（Get 请求的请求体放在 URL 后面参数中，直接能看到）。

如果是 Post 方式，请求体是 form-data。

注意：

（1）对于登录窗口、文件上传等，信息都会被附加到请求体内。

（2）如果用户登录时输入错误的用户名或密码，然后提交，就可以看到 Post；正确登录后页面通常会跳转，无法捕捉到 Post。

4．响应 Response 的响应状态码

200：代表成功。

301：代表跳转。

404：文件不存在。

403：无权限访问。

502：服务器错误。

5．Respone header

响应头需要注意的参数如下。

Set-Cookie：可能有多个，用于告诉浏览器把 Cookie 保存下来。

【总结】

1．爬虫流程

抓取→解析→存储。

2．爬虫所需工具

请求库：Requests、Selenium（可以驱动浏览器解析渲染 CSS 和 JavaScript，但有性能劣势，无论网页是否有用都会加载）。

解析库：正则表达式，BeautifulSoup，Pyquery。

存储库：文件，MySQL、MongoDB、Redis 等数据库。

2.3　安装 PyCharm

本节利用 PyCharm 开发工具创建爬虫文件。PyCharm 是一个功能强大的 Python 编辑器，具有跨平台性。下面介绍 PyCharm 在 Windows 下是如何安装的。

PyCharm 的下载地址为 http://www.jetbrains.com/pycharm/download/#section=windows。

进入 PyCharm 网站，如图 2-3 所示。

图 2-3　PyCharm 网站

Professional 表示专业版，Community 表示社区版，推荐安装社区版，因为它是免费使用的。PyCharm 社区版安装界面如图 2-4 所示。

图 2-4　PyCharm 社区版安装界面

选择安装路径,如图 2-5 所示。设置安装选项,如图 2-6 所示。

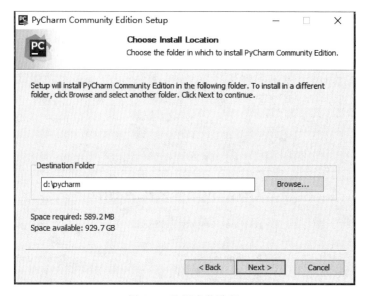

图 2-5　选择安装路径

单击 Install 按钮进行安装,如图 2-7 所示。启动界面如图 2-8 所示,然后选择 Create New Project 选项。

如图 2-9 所示,Location 是存放工程的路径,单击 Project Interpreter 左边的三角符号,可以看到 PyCharm 已经自动获取了之前已安装的 Python 3.6 版本。

PyCharm 工作窗口如图 2-10 所示,依次选择 File→New→Python File 选项,可以新建一个 Python 文件,单击图中右上角的绿色三角形按钮,就会运行该文件。注意本书是黑白印刷,具体颜色可参见相关操作界面。

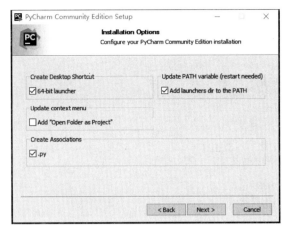

图 2-6 设置安装选项

图 2-7 开始安装

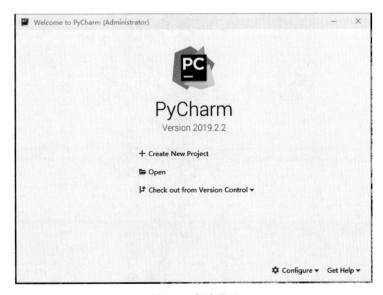

图 2-8 启动界面

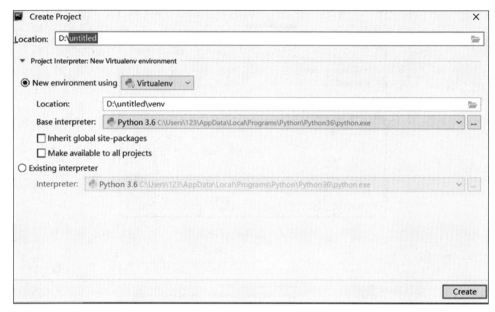

图 2-9　创建一个项目

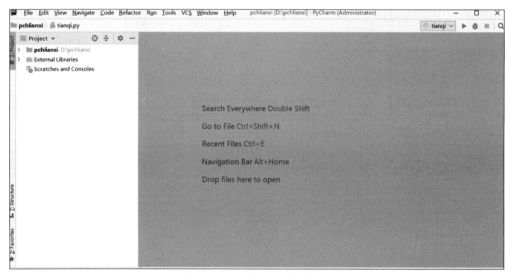

图 2-10　PyCharm 工作窗口

如果想建立一个爬虫文件，首先检查是否安装了 Requests，可以在命令窗口中使用安装命令：

```
pip install requests
```

如果出现了 Requirement already satisfied，则代表安装成功。

```
pip list
```

命令列出所有安装包和版本信息。

也可以依次单击 File→Settings→Project Interpreter 命令,然后单击右上角的＋按钮,如图 2-11 所示。在左侧的搜索框中输入 Requests,左下角会出现 Install package 按钮,单击该按钮,进行安装。

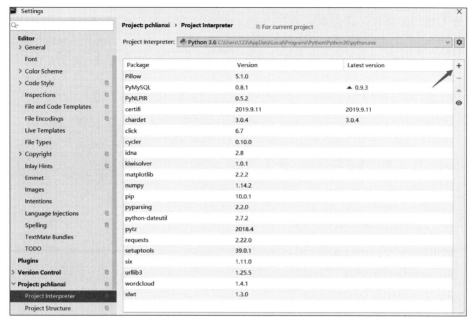

图 2-11　添加包

2.4　应用举例

【例 2-1】　爬取豆瓣读书 Top 250 第一页的内容,并存入 douban.csv 文件中。

按 F12 键,查看源码结构,如图 2-12 所示。

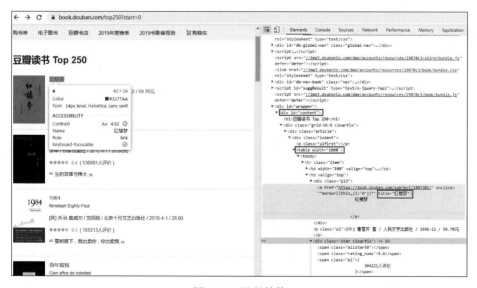

图 2-12　源码结构

可以看出，所有信息都在一个 div 中，这个 div 下有 25 个 table，其中每个 table 都是独立的信息单元，书名可以直接在节点中的 title 中提取：

```
bookname.append(table.find_all("a")[1]['title'])
```

评价人数用正则表达式提取：

```
people_info = table.find_all("span")[-2].text
people.append(re.findall(r'\d+', people_info))
```

再看以下两种国籍信息：

```
<p class = "pl">[中] 曹雪芹 著 / 人民文学出版社 / 1996 - 12 / 59.70 元</p>
<p class = "pl">余华 / 作家出版社 / 2012 - 8 - 1 / 20.00 元</p>
```

提取两种情况下的作者信息：

```
s = infostr.split("/")
if re.findall(r'\[', s[0]):
    w = re.findall(r'\s\D+', s[0])
    author.append(w[0])
else:
    author.append(s[0])
```

去掉国籍[中]两边的中括号：

```
nationality_info = re.findall(r'[[](\D)[]]', infos)
nationality.append(nationality_info)
```

其中，有国籍的都写出来了，没写出的都是中国，所以把国籍为空白的改写为"中"。

```
for i in nationality:
    if len(i) == 1:
            nation.append(i[0])
     else:
            nation.append("中")
```

综上，完整的源程序如下：

```
import requests
import re
from bs4 import BeautifulSoup
def gethtml(url):
    try:
        r = requests.get(url,timeout = 30)
        r.raise_for_status()
        r.encoding = r.apparent_encoding
        return r.text
    except:
        return "It is failed to get html!"
def getcontent(url):
    headers = {'User - Agent':"Mozilla/5.0 (Windows NT 10.0; WOW64) AppleWebKit/537.36
(KHTML, like Gecko) Chrome/72.0.121 Safari/537.36"}
    data = requests.get(url,headers = headers)
```

```python
        soup = BeautifulSoup(data.text, 'lxml')
        div = soup.find("div", id = "content")
        tables = div.find_all("table")
        price = []
        date = []
        nationality = []
        nation = []
        bookname = []
        link = []
        score = []
        comment = []
        num = []
        author = []
        for table in tables:
            bookname.append(table.find_all("a")[1]['title'])
            link.append(table.find_all("a")[1]['href'])
            score.append(table.find
                                ("span", class_ = "rating_nums").string)
            comment.append(table.find_all("span")[-1].string)
            people_info = table.find_all("span")[-2].text
            people_num = re.findall(r'\d+', people_info)
            num.append(people_num[0])
            navistr = (table.find("p").string)
            infos = str(navistr.split("/"))
            infostr = str(navistr)
            s = infostr.split("/")
            if re.findall(r'\[', s[0]):
                w = re.findall(r'\s\D+', s[0])
                author.append(w[0])
            else:
                author.append(s[0])
            price_info = re.findall(r'\d+\.\d+', infos)
            price.append((price_info[0]))
            date.append(s[-2])
            nationality_info = re.findall(r'[[](\D)[]]', infos)
            nationality.append(nationality_info)
        for i in nationality:
            if len(i) == 1:
                nation.append(i[0])
            else:
                nation.append("中")
        dataframe = pd.DataFrame({'书名': bookname, '作者': author, '国籍': nation, '评分': score,
'评分人数': num, '出版时间': date, '价格': price, '链接': link, })
        # 将 DataFrame 存储为 csv, index 表示是否显示行名, default = True
        dataframe.to_csv("douban.csv", index = False, encoding = 'utf-8-sig', sep = ',')
if __name__ == '__main__':
    url = "https://book.douban.com/top250?icn = index-book250-all"
    getcontent(url)
```

运行结果如图 2-13 所示。

书名,作者,国籍,评分,评分人数,出版时间,价格,链接
红楼梦, 曹雪芹 著 ,中,9.6,355927, 1996-12 ,59.70,https://book.douban.com/subject/1007305/
活着,余华 ,中,9.4,648884, 2012-8-1 ,20.00,https://book.douban.com/subject/4913064/
百年孤独,加西亚·马尔克斯,哥伦比亚,9.3,358839,2011-6,39.50,https://book.douban.com/subject/6082808/
1984, 乔治·奥威尔 ,英,9.4,199800, 2010-4-1 ,28.00,https://book.douban.com/subject/4820710/
飘, 玛格丽特·米切尔 ,美,9.3,187005, 2000-9 ,40.00,https://book.douban.com/subject/1068920/
三体全集,刘慈欣 ,中,9.4,117041, 2012-1-1 ,168.00,https://book.douban.com/subject/6518605/
三国演义（全二册）, 罗贯中 ,中,9.3,144275, 1998-05 ,39.50,https://book.douban.com/subject/1019568/
白夜行, 东野圭吾 ,日,9.1,483152, 2008-9 ,29.80,https://book.douban.com/subject/3259440/
小王子, 圣埃克苏佩里 ,法,9.0,666757, 2003-8 ,22.00,https://book.douban.com/subject/1084336/

图 2-13　运行结果

习　　题

语句填空，抓取豆瓣网的所有出版社，网址为 https://read.douban.com/provider/all，并写入文件 1.txt 中。

```
import requests
import re
url = "https://read.douban.com/provider/all"
headers = {"User - Agent": "Mozilla/5.0 (Windows NT 10.0; Win64; x64; rv:67.0) Gecko/20100101 Firefox/67.0",}
(                    )
response.encoding = 'utf - 8'
html = response.text
dl = re.findall(r'< div class = "name">(. * ?)</div >',html,re.S)
f = open("d:\\pchlianxi\\1.txt",'w',encoding = "utf - 8")
for i in dl:
    f.write(i)
    f.write('\n')
f.close()
```

第3章 Scrapy爬虫框架

3.1 基本原理

Scrapy 是一个 Python 爬虫框架,用来提取结构性数据,非常适合做一些大型爬虫项目,并且开发者利用这个框架,可以不用关注细节,它比 BeautifulSoup 更加完善,如果说 BeautifulSoup 是车轮,而 Scrapy 则是一辆车。

安装 Scrapy 的命令: pip install scrapy

Scrapy 数据流是由执行的核心引擎(ENGINE)控制,工作流程如图 3-1 所示。下面简要说明图 3-1 中各组件的功能。

1. ENGINE

爬虫引擎负责控制各个组件之间的数据流,当某些操作触发事件后都是通过 ENGINE 来处理的。

2. SCHEDULER

接收来自 ENGINE 的请求并将请求放入队列中,且通过事件返回给 ENGINE。

3. DOWNLOADER

通过 ENGINE 请求下载网络数据并将结果响应给 ENGINE。

4. SPIDERS

SPIDERS 发出请求,并处理 ENGINE 返回给它的下载器响应数据,将 ITEMS 和数据请求返回给 ENGINE。

5. ITEM PIPELINES

负责处理 ENGINE 返回 SPIDERS 解析后的数据,并且将数据持久化,例如将数据存入数据库或者文件。

6. MIDDLEWARE

ENGINE 和 SPIDERS 之间的交互组件,以插件的形式存在。

图 3-1 中 Scrapy 工作流程的步骤说明如下。

(1) 爬虫引擎 ENGINE 获得初始请求开始抓取。

(2) 爬虫引擎 ENGINE 开始请求调度程序 SCHEDULER,并准备对下一次的请求进行抓取。

(3) 爬虫调度器返回下一个请求给爬虫引擎。

(4) 引擎请求发送到下载器 DOWNLOADER,通过下载中间件下载网络数据。

（5）一旦下载器完成页面下载，将下载结果返回给爬虫引擎 ENGINE。

（6）爬虫引擎 ENGINE 将下载器 DOWNLOADER 的响应通过中间件 MIDDLEWARE 返回给爬虫 SPIDERS 进行处理。

（7）爬虫 SPIDERS 处理响应，并通过中间件 MIDDLEWARE 返回处理后的 ITEMS，以及新的请求给引擎。

（8）引擎发送处理后的 ITEMS 到项目管道，然后把处理结果返回给调度器 SCHEDULER，调度器计划处理下一个请求抓取。

重复以上过程，直到抓取完所有的 URL 请求。

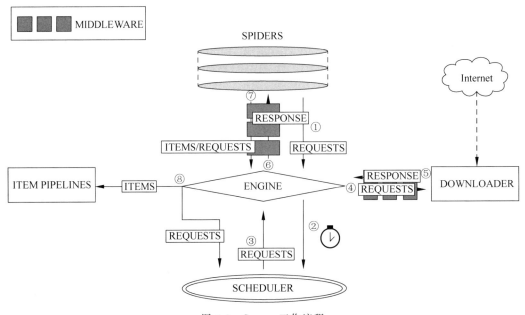

图 3-1　Scrapy 工作流程

3.2　应用举例

【例 3-1】　利用 Scrapy 抓取豆瓣图书的标签信息。

（1）建立项目和 spider 模板。

在命令窗口中输入以下命令：

```
scrapy startproject dushu
cd dushu
scrapy genspider book book.douban.com
```

本例中项目名称是 dushu，爬虫文件是 book.py，网站域名是 book.douban.com。爬虫目录结构如图 3-2 所示。

（2）编写 book.py。

按 F12 键，查看源码结构，如图 3-3 所示。可以发现书籍的信息在标签< tr >属性为

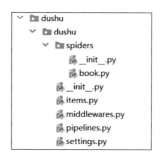

图 3-2　爬虫目录结构

item 的代码块中,而书籍的地址在标签<a>中,利用 yield 命令将这个请求的结果返回。

图 3-3　源码结构

然后打开书籍信息界面的源代码,搜索 tag 找到了书籍标签的所在位置,如图 3-4 所示。可以用正则表达式 tag/. * ?"来得到书籍的标签,然后用 yield 命令返回得到的书籍信息。

```
<div class="indent">    <span class="">
        <a class=" tag" href="/tag/红楼梦">红楼梦</a>          </span>
    <span class="">
        <a class=" tag" href="/tag/古典文学">古典文学</a>          </span>
    <span class="">
        <a class=" tag" href="/tag/曹雪芹">曹雪芹</a>          </span>
    <span class="">
        <a class=" tag" href="/tag/经典">经典</a>          </span>
    <span class="">
        <a class=" tag" href="/tag/古典名著">古典名著</a>          </span>
    <span class="">
        <a class=" tag" href="/tag/名著">名著</a>          </span>
    <span class="">
        <a class=" tag" href="/tag/四大名著">四大名著</a>          </span>
    <span class="">
        <a class=" tag" href="/tag/小说">小说</a>          </span>
</div>
</div>
```

图 3-4　书籍标签

book.py 的完整代码如下:

```python
import scrapy
from bs4 import BeautifulSoup
import re

class BookSpider(scrapy.Spider):
```

```
        name = 'book'
        start_urls = ['https://book.douban.com/top250?icn = index − book250 − all']

        def parse(self, response):
            soup = BeautifulSoup(response.text, 'html.parser')
            for item in soup.find_all('tr', attrs = {'class': 'item'}):
                for href in item.find_all('a'):
                    if href.string != None:
                        url = href.attrs['href']
                        yield scrapy.Request(url, callback = self.parse_book)

        def parse_book(self, response):
            infoDict = {}
            booksoup = BeautifulSoup(
                response.text, 'html.parser')
            infoDict.update(
                {'bookname': booksoup.title.string[: − 4]})
            tagInfo = re.findall('tag/. * ?"', response.text)
            tag = []
            for i in tagInfo:
                tag.append(i[4:])
            infoDict['tag'] = tag
            yield infoDict
```

（3）编写 pipelines.py。

在 pipelines.py 文件中设定一个 filename 存放文件名，然后打开这个文件将得到的内容写进去。

```
class DushuPipeline(object):
    filename = 'book.txt'
    def open_spider(self, spider):
        self.f = open(self.filename, 'w')

    def close_spider(self, spider):
        self.f.close()

    def process_item(self, item, spider):
        try:
            line = str(dict(item)) + '\n'
            self.f.write(line)
        except:
            pass
        return item
```

（4）编写 settings.py。

打开 settings.py 文件，修改 USER-AGENT，并将 pipelines 设定为所编写的类。

```
USER_AGENT = 'Mozilla/5.0 (Windows NT 6.1; WOW64) AppleWebKit/537.36 (KHTML, like Gecko)
Chrome/55.0.2883.87 Safari/537.36'
ITEM_PIPELINES = {
    'dushu.pipelines.DushuPipeline': 300,}
```

（5）启动抓取。

```
scrapy crawl book
```

运行结束后文件夹中就会得到一个 book.txt 文件，如图 3-5 所示。

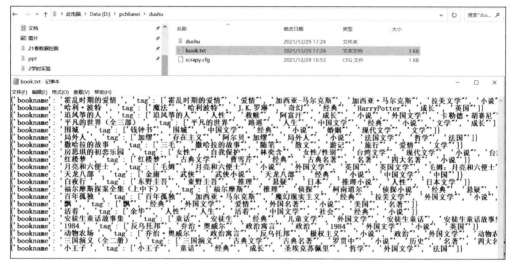

图 3-5 book.txt 文件

习　题

利用 Scrapy 框架抓取 CSDN 博客数据，并保存到文件中。

第 4 章

NumPy基本用法

NumPy 是 Python 语言的一个扩充程序库,支持高级的维度数组与矩阵运算,此外也针对数组运算提供大量的数学函数库。NumPy 内部解除了 Python 的 PIL(全局解释器锁),运算效率极高,是大量机器学习框架的基础库。

```
# 导入 NumPy 库,并查看 NumPy 库版本
import numpy as np
np.__version__
```

Out[]:

```
'1.14.3' # Out[]表示输出, In[]表示输入
```

4.1 NumPy 创建数组

4.1.1 使用 np.array()由 Python 列表创建

```
import numpy as np
# 创建列表
a = [1,2,3,4,5]
# 将列表转换为数组
b = np.array(a)
```

Out[]:

```
array([1, 2, 3, 4, 5])
```

4.1.2 使用 np 的方法创建

1. ones()
格式:

```
np.ones(shape, dtype = None, order = 'C')
```

例如:

```
np.ones(shape = (4,4),dtype = int)
```

Out[ ]：

```
array([[1, 1, 1, 1],
       [1, 1, 1, 1],
       [1, 1, 1, 1],
       [1, 1, 1, 1]])
```

2. zeros()

格式：

```
zeros(shape, dtype = float, order = 'C')
```

例如：

```
np.zeros((4,4))
```

Out[ ]：

```
array([[0., 0., 0., 0.],
       [0., 0., 0., 0.],
       [0., 0., 0., 0.],
       [0., 0., 0., 0.]])
```

3. full()

格式：

```
np.full(shape, fill_value, dtype = None, order = 'C')
```

例如：

```
np.full((4,4),fill_value = 20)
```

Out[ ]：

```
array([[20, 20, 20, 20],
       [20, 20, 20, 20],
       [20, 20, 20, 20],
       [20, 20, 20, 20]])
```

4. np.eye()

格式：

```
np.eye(N, M = None, k = 0, dtype = < class 'float'>, order = 'C')
# 对角线为1,其他位置为0
```

例如：

```
np.eye(4)
```

Out[ ]：

```
array([[1., 0., 0., 0.],
       [0., 1., 0., 0.],
       [0., 0., 1., 0.],
       [0., 0., 0., 1.]])
```

5. linspace()

格式:

```
np.linspace(start, stop, num = 50, endpoint = True, retstep = False, dtype = None)
```

例如:

```
np.linspace(1,100,20)  # 包括 1 和 100,取 20 个均匀间隔的数
```

Out[ ]:

```
array([ 1.         ,   6.21052632,  11.42105263,  16.63157895,
        21.84210526,  27.05263158,  32.26315789,  37.47368421,
        42.68421053,  47.89473684,  53.10526316,  58.31578947,
        63.52631579,  68.73684211,  73.94736842,  79.15789474,
        84.36842105,  89.57894737,  94.78947368, 100.         ])
```

6. arange()

格式:

```
arange([start,] stop,[step,] dtype = None)
```

例如:

```
np.arange(0,10,2)   # 不包括 10
```

Out[ ]:

```
array([0, 2, 4, 6, 8])
```

7. randint()

格式:

```
randint(low, high = None, size = None, dtype = 'l')
```

例如:

```
np.random.randint(0,10,size = 10)   # 不包括 10
```

Out[ ]:

```
array([0, 9, 8, 9, 5, 5, 2, 6, 8, 7])
```

8. randn()的正态分布

格式:

```
randn(d0, d1, …, dn)   # (d0, d1, …, dn)表示维度
```

例如:

```
np.random.randn(4,5)
```

Out[ ]:

```
array([[  1.05035386,   0.77231903, - 0.33446991, - 0.54562315, - 0.84341866],
```

```
 [   0.6616944 ,   0.89325969, - 0.89042489,   1.61227272, - 0.05136764],
 [ - 0.5346068 , - 2.39236557, - 0.54563468, - 1.07850467,   0.56603284],
 [ - 0.33361988,   1.11445864, - 0.11636709,   0.57361067,   0.80099792]])
```

9. normal()的正态分布

格式：

```
normal(loc = 0.0, scale = 1.0, size = None)
```

说明：loc 表示均值，scale 表示方差。

例如：

```
np.random.normal(loc = 170, scale = 1, size = 20)
```

Out[]：

```
array([168.56872023, 168.30641964, 169.98891802, 168.6781631 ,
       169.63611345, 167.81502056, 169.69833366, 169.05166886,
       170.96688262, 168.30677654, 170.15970816, 169.59783795,
       170.77979873, 170.20138558, 169.75464312, 172.16309013,
       169.37900208, 171.23951841, 169.7903996 , 168.62081606])
```

4.2 NumPy 查看数组属性

1. 数组元素个数

例如：

```
b = array([1, 2, 3, 4, 5])
b.size
```

Out[]：

```
5
```

2. 数组形状

```
b.shape
```

Out[]：

```
(5,)
```

3. 数组维度

```
b.ndim
```

Out[]：

```
1
```

4. 数组元素类型

```
b.dtype
```

Out[]：

dtype('int32')

4.3　数组的基本操作

1. 索引

例如：

```
array1 = np.random.randint(0,100,(4,4))
```

输出：

```
array([[85, 18, 96, 92],
       [42, 49, 76, 85],
       [42, 1, 80, 99],
       [33, 91, 74, 95]])
array1[0,1]  # 索引编号从 0 开始,第一维索引为 0,第二维索引为 1
```

Out[]：

```
18
```

2. 切片

```
# 切片时,左闭右开
array1[1:3,2:4]
```

Out[]：

```
array([[76, 85],
       [80, 99]])
array2 = np.arange(0,10)
```

Out[]：

```
array([0, 1, 2, 3, 4, 5, 6, 7, 8, 9])
# 将数组反转
array2[::-1]
```

Out[]：

```
array([9, 8, 7, 6, 5, 4, 3, 2, 1, 0])
# 通过两个::进行切片
print(array2[::2])
```

Out[]：

```
[0 2 4 6 8]
print(array2[::-2])
```

Out[]：

```
[9 7 5 3 1]
```

3. 变形

使用 reshape(),注意参数用 tuple。

```
import numpy as np
n = np.arange(0,10)
```

Out[]:

```
array([0, 1, 2, 3, 4, 5, 6, 7, 8, 9])
n.shape
```

Out[]:

```
(10,)
# 使用 reshape()进行变形
n.reshape((5,2))
```

Out[]:

```
array([[0, 1],
       [2, 3],
       [4, 5],
       [6, 7],
       [8, 9]])
n1 = np.random.randint(0,100,(3,4,5))
```

Out[]:

```
array([[[48,  8,  2, 35, 65],
        [81, 56, 20, 85, 76],
        [94, 65, 62, 59, 78],
        [48, 57,  7,  3, 63]],

       [[56, 27,  4, 21, 28],
        [92, 10, 73, 63, 82],
        [88, 28, 10, 76, 99],
        [49,  6, 39, 21, 50]],

       [[84, 87, 65, 15, 52],
        [94, 44, 40,  2, 94],
        [ 7, 90, 78, 18, 94],
        [94, 64, 83, 54,  6]]])
n1.shape
```

Out[]:

```
(3, 4, 5)
n1.reshape(3*4*5)
```

Out[]:

```
array([48, 8, 2, 35, 65, 81, 56, 20, 85, 76, 94, 65, 62, 59, 78, 48, 57, 7, 3, 63, 56, 27, 4, 21,
28, 92, 10, 73, 63, 82, 88, 28, 10, 76,99, 49, 6, 39, 21, 50, 84, 87, 65, 15, 52, 94, 44, 40, 2,
94, 7, 90, 78, 18, 94, 94, 64, 83, 54, 6])
```

```
# 使用负数直接转换为一维数组
n1.reshape(-1)
```

Out[]:

```
array([48, 8, 2, 35, 65, 81, 56, 20, 85, 76, 94, 65, 62, 59, 78, 48, 57, 7, 3, 63, 56, 27, 4, 21,
28, 92, 10, 73, 63, 82, 88, 28, 10, 76, 99, 49, 6, 39, 21, 50, 84, 87, 65, 15, 52, 94, 44, 40, 2,
94, 7, 90, 78, 18, 94, 94, 64, 83, 54, 6])
```

4．级联

下面说明级联需要注意的地方。

（1）级联的参数是列表，一定要加中括号或小括号。

（2）维度必须相同。

（3）形状相符。

（4）级联的方向默认是 shape 这个元组的第一个值所代表的维度方向。

（5）可通过 axis 参数改变级联的方向。

例如：

```
n1 = np.random.randint(0,10,(5,5))
```

Out[]:

```
array([[1, 0, 1, 3, 2],
       [0, 1, 9, 2, 9],
       [2, 4, 1, 1, 1],
       [5, 2, 2, 6, 2],
       [8, 8, 8, 7, 2]])
# 列级联
```

例如：

```
np.concatenate((n1,n1),axis = 0)
```

Out[]:

```
array([[1, 0, 1, 3, 2],
       [0, 1, 9, 2, 9],
       [2, 4, 1, 1, 1],
       [5, 2, 2, 6, 2],
       [8, 8, 8, 7, 2],
       [1, 0, 1, 3, 2],
       [0, 1, 9, 2, 9],
       [2, 4, 1, 1, 1],
       [5, 2, 2, 6, 2],
       [8, 8, 8, 7, 2]])
# 行级联
```

例如：

```
np.concatenate((n1,n1),axis = 1)
```

Out[ ]：

```
array([[1, 0, 1, 3, 2, 1, 0, 1, 3, 2],
       [0, 1, 9, 2, 9, 0, 1, 9, 2, 9],
       [2, 4, 1, 1, 1, 2, 4, 1, 1, 1],
       [5, 2, 2, 6, 2, 5, 2, 2, 6, 2],
       [8, 8, 8, 7, 2, 8, 8, 8, 7, 2]])
```

np. hstack()与 np. vstack()：水平级联与垂直级联,处理自己,进行维度的变更。

n2 = np. random. randint(0,100,size = 10)

Out[ ]：

```
array([73, 65, 92, 23, 32, 47, 78, 83, 97, 37])
# vertical 垂直
n3 = np. vstack(n2)
print(n3. shape)
```

Out[ ]：

```
(10, 1)
n3
```

Out[ ]：

```
array([[73],
       [65],
       [92],
       [23],
       [32],
       [47],
       [78],
       [83],
       [97],
       [37]])
# 水平
np. hstack(n3)
```

Out[ ]：

```
array([73, 65, 92, 23, 32, 47, 78, 83, 97, 37])
```

5. 切分
与级联类似,常用函数如下。
- np. split()。
- np. vsplit()。
- np. hsplit()。

In[ ]：

n5 = np. random. randint(0,150,size = (5,7))

In[]：

n5

Out[]：

```
array([[122, 102,  37,  69,  28, 102, 131],
       [ 48,  84,  27, 119,   7,  65,  61],
       [ 17, 125, 142, 145, 132,  21,  57],
       [ 96,  23,  72,  45,  77,  54,  65],
       [120,  31, 104, 132,  64,  72, 145]])
```

In[]：

```
np.split(n5,(1,3))        # 分别在行号为 1 和 3 前切割
```

Out[]：

```
[array([[122, 102,  37,  69,  28, 102, 131]]),
 array([[ 48,  84,  27, 119,   7,  65,  61],
        [ 17, 125, 142, 145, 132,  21,  57]]),
 array([[ 96,  23,  72,  45,  77,  54,  65],
        [120,  31, 104, 132,  64,  72, 145]])]
# 水平切分
```

In[]：

```
np.split(n5,(1,3),axis = 1)
```

Out[]：

```
[array([[122],
        [ 48],
        [ 17],
        [ 96],
        [120]]), array([[102, 37],
        [ 84,  27],
        [125, 142],
        [ 23,  72],
        [ 31, 104]]),array([[ 69, 28, 102, 131],
        [119,   7, 65,  61],
        [145, 132, 21,  57],
        [ 45,  77, 54,  65],
        [132,  64, 72, 145]])]
# 垂直切分
```

In[]：

```
np.vsplit(n5,(1,3))
```

Out[]：

```
[array([[122, 102,  37,  69,  28, 102, 131]]),
 array([[ 48,  84,  27, 119,   7,  65,  61],
        [ 17, 125, 142, 145, 132,  21,  57]]),
```

```
array([[ 96,  23,  72,  45,  77,  54,  65],
       [120,  31, 104, 132,  64,  72, 145]])]
# 水平切分
```

In[ ]:

```
np.hsplit(n5,(1,3))
```

Out[ ]:

```
[array([[122],
        [ 48],
        [ 17],
        [ 96],
        [120]]), array([[102, 37],
        [ 84,  27],
        [125, 142],
        [ 23,  72],
        [ 31, 104]]), array([[ 69, 28, 102, 131],
        [119,  7,  65,  61],
        [145, 132,  21,  57],
        [ 45,  77,  54,  65],
        [132,  64,  72, 145]])]
```

6. 副本

所有赋值运算不会为 ndarray 的任何元素创建副本,对赋值后的对象的操作也对原来的对象生效。

In[ ]:

```
a = [x for x in range(5)]
```

In[ ]:

```
n = np.array(a)
```

In[ ]:

```
n
```

Out[ ]:

```
array([0, 1, 2, 3, 4])
```

In[ ]:

```
n[2] = 512
```

In[ ]:

```
n
```

Out[ ]:

```
array([ 0, 1, 512, 3, 4])
```

In[ ]:

```
n2 = n
```

In[ ]:

```
n2[2] = 1024
```

In[ ]:

```
display(n,n2)
```

Out[ ]:

```
array([   0,   1, 1024,   3,   4])
array([   0,   1, 1024,   3,   4])
```

In[ ]:

```
n3 = n.copy()
```

In[ ]:

```
n3
```

Out[ ]:

```
array([   0,   1, 1024,   3,   4])
```

In[ ]:

```
n3[2] = 0
```

In[ ]:

```
display(n,n3)
```

Out[ ]:

```
array([0, 1, 1024, 3, 4])
array([0, 1, 0, 3, 4])
```

4.4 NumPy 运算

1. 条件运算

In[ ]:

```
stus_score = np.array([[80,88],[82,81],[84,75],[86,83],[75,81]])
```

In[ ]:

```
stus_score > 80
```

Out[ ]：

```
array([[False, True],
       [ True, True],
       [ True, False],
       [ True, True],
       [False, True]])
```

2. 三目运算

例如，如果数值小于 80，替换为 0，如果大于或等于 80，替换为 90。

In[ ]：

```
stus_score = np.array([[80, 88], [82, 81], [84, 75], [86, 83], [75, 81]])
```

In[ ]：

```
np.where(stus_score < 80, 0, 90)
```

Out[ ]：

```
array([[90, 90],
       [90, 90],
       [90, 0],
       [90, 90],
       [ 0, 90]])
```

3. 统计运算

♯ 求和运算

In[ ]：

```
a = np.array([1,2,3],[4,5,6])
```

In[ ]：

```
np.sum(a)
```

Out[ ]：

21

In[ ]：

```
np.sum(a, axis = 0)
```

Out[ ]：

```
array([5,7,9])
```

In[ ]：

```
np.sum(a, axis = 1)
```

Out[ ]:

```
array([6,15])
# 指定轴最大值 amax(参数 1: 数组; 参数 2: axis = 0/1,0 表示列,1 表示行)
stus_score = np.array([[80, 88], [82, 81], [84, 75], [86, 83], [75, 81]])
```

In[ ]:

```
print("每一列的最大值为:")
result = np.amax(stus_score, axis = 0)
print(result)
print("每一行的最大值为:")
result = np.amax(stus_score, axis = 1)
print(result)
```

Out[ ]:

```
每一列的最大值为:
[86 88]
每一行的最大值为:
[88 82 84 86 81]
# 指定轴最大值 max(参数 1: 数组; 参数 2: axis = 0/1/2,分别对应各个维度),等价于 amax
```

In[ ]:

```
import numpy as np
```

In[ ]:

```
n = np.random.randint(0,150,(4,4,4))
```

In[ ]:

```
n
```

Out[ ]:

```
array([[[ 91,  45,  10,  51],
        [102,  88, 129, 100],
        [148,  72,  52, 114],
        [ 99,   5,  67,  26]],

       [[ 23, 102, 125, 116],
        [140,  61, 107,  15],
        [ 39, 125, 139,  38],
        [ 95, 148, 100, 109]],

       [[ 92,  68, 140,  75],
        [ 49, 113,  68,  70],
        [149, 107,  78,  69],
        [120, 109,  27, 138]],

       [[126,  79, 113,  89],
        [ 29, 126,   3,  90],
```

```
       [ 40,  23,  20,  14],
       [ 72,  38,  99,  55]]])
```

In[]：

```
n.max(axis = 0)
```

Out[]：

```
array([[126, 102, 140, 116],
       [140, 126, 129, 100],
       [149, 125, 139, 114],
       [120, 148, 100, 138]])
```

In[]：

```
n.max(axis = 1)
```

Out[]：

```
array([[148,  88, 129, 114],
       [140, 148, 139, 116],
       [149, 113, 140, 138],
       [126, 126, 113,  90]])
```

In[]：

```
n.max(axis = 2)
```

Out[]：

```
array([[ 91, 129, 148,  99],
       [125, 140, 139, 148],
       [140, 113, 149, 138],
       [126, 126,  40,  99]])
```
指定轴最小值 amin

In[]：

```
stus_score = np.array([[80, 88], [82, 81], [84, 75], [86, 83], [75, 81]])
```

In[]：

```
print("每一列的最小值为:")
result = np.amin(stus_score, axis = 0)
print(result)
print("每一行的最小值为:")
result = np.amin(stus_score, axis = 1)
print(result)
```

Out[]：

```
每一列的最小值为:
[75 75]
每一行的最小值为:
```

```
[80 81 75 83 75]
# 指定轴平均值 mean
```

In[]:

```
stus_score = np.array([[80, 88], [82, 81], [84, 75], [86, 83], [75, 81]])
```

In[]:

```
print("每一列的平均值:")
result = np.mean(stus_score, axis = 0)
print(result)

print("每一行的平均值:")
result = np.mean(stus_score, axis = 1)
print(result)
```

Out[]:

```
每一列的平均值:
[81.4 81.6]
每一行的平均值:
[84.   81.5 79.5 84.5 78. ]
# 求方差 std
```

In[]:

```
stus_score = np.array([[80, 88], [82, 81], [84, 75], [86, 83], [75, 81]])
```

In[]:

```
# 求每一列的方差(0 表示列)
print("每一列的方差:")
result = np.std(stus_score, axis = 0)
print(result)
# 求每一行的方差(1 表示行)
print("每一行的方差:")
result = np.std(stus_score, axis = 1)
print(result)
```

Out[]:

```
每一列的方差:
[3.77359245  4.1761226 ]
每一行的方差:
[4.   0.5 4.5 1.5 3. ]
```

4. 数组运算

1）数组与数的运算

In[]:

```
import numpy as np
```

In[ ]:

```
stus_score = np.array([[80, 88], [82, 81], [84, 75], [86, 83], [75, 81]])
```

In[ ]:

```
print("加之前:")
print(stus_score)
# 为所有平时成绩都加 5 分
stus_score[:,0] = stus_score[:,0] + 5
print("加之后:")
print(stus_score)
```

Out[ ]:

```
加之前:
[[80 88]
 [82 81]
 [84 75]
 [86 83]
 [75 81]]
加之后:
[[85 88]
 [87 81]
 [89 75]
 [91 83]
 [80 81]]
```

2）数组的四则运算

In[ ]:

```
import numpy as np
```

In[ ]:

```
a = np.array([1,2,3,4])
b = np.array([10,20,30,40])
c = a + b
d = a − b
e = a * b
f = a / b
print("a + b = ",c)
print("a − b = ",d)
print("a * b = ",e)
print("a/b = ",f)
```

Out[ ]:

```
a + b = [11 22 33 44]
a − b = [ −9 −18 −27 −36]
a * b = [ 10 40 90 160]
a/b = [0.1 0.1 0.1 0.1]
```

5. 矩阵运算

1）np. dot（）

```
# 计算规则(计算学生总成绩)
#(M行,N列) * (N行,Z列) = (M行,Z列)
```

In[ ]:

```
import numpy as np
```

In[ ]:

```
stus_score = np.array([[80, 88], [82, 81], [84, 75], [86, 83], [75, 81]])
# 平时成绩占 40%,期末成绩占 60%,计算结果
q = np.array([[0.4],[0.6]])
result = np.dot(stus_score,q)
print("最终结果为:")
print(result)
```

Out[ ]:

```
最终结果为:
[[84.8]
 [81.4]
 [78.6]
 [84.2]
 [78.6]]
```

2）矩阵拼接

In[ ]:

```
print("v1 为:")
v1 = [[0, 1, 2, 3, 4, 5],
      [6, 7, 8, 9, 10, 11]]
print(v1)
print("v2 为:")
v2 = [[12, 13, 14, 15, 16, 17],
      [18, 19, 20, 21, 22, 23]]
print(v2)
```

Out[ ]:

```
v1 为:
[[0, 1, 2, 3, 4, 5], [6, 7, 8, 9, 10, 11]]
v2 为:
[[12, 13, 14, 15, 16, 17], [18, 19, 20, 21, 22, 23]]
# 垂直拼接
```

In[ ]:

```
result = np.vstack((v1, v2))
print("v1 和 v2 垂直拼接的结果为:")
print(result)
```

Out[]:

v1 和 v2 垂直拼接的结果为:
[[0   1   2   3   4   5]
 [6   7   8   9 10 11]
 [12 13 14 15 16 17]
 [18 19 20 21 22 23]]
水平拼接

In[]:

```
result = np.hstack((v1, v2))
print("v1 和 v2 水平拼接的结果为:")
print(result)
```

Out[]:

v1 和 v2 水平拼接的结果为:
[[0 1 2 3 4 5 12 13 14 15 16 17]
 [6 7 8 9 10 11 18 19 20 21 22 23]]
拉平数组

In[]:

```
a = np.array([[1,2], [3,4]])
```

In[]:

```
a.flatten()
```

Out[]:

```
array([1, 2, 3, 4])
```

3) 矩阵的广播

ndarray 广播的两条规则如下。

规则一: 补充缺失的维度。

规则二: 假定缺失元素用已有值填充。

【例 4-1】 m＝np.ones((2,3)),a ＝ np.arange(3),求 m＋a。

In[]:

```
import numpy as np
```

In[]:

```
m = np.ones((2,3))
a = np.arange(3)
display(m,a)
```

Out[]:

```
array([[1., 1., 1.],
       [1., 1., 1.]])
```

```
array([0, 1, 2])
#NumPy 广播,维度不同,自动补全
```

In[ ]:

```
m + a
```

Out[ ]:

```
array([[1., 2., 3.],
       [1., 2., 3.]])
```

【例 4-2】 a＝np.arange(3).reshape((3,1)),b＝np.arange(3),求 a＋b。

In[ ]:

```
a = np.arange(3).reshape((3,1))
b = np.arange(3)
display(a,b)
```

Out[ ]:

```
array([[0],
       [1],
       [2]])
array([0, 1, 2])
```

In[ ]:

```
a + b
```

Out[ ]:

```
array([[0, 1, 2],
       [1, 2, 3],
       [2, 3, 4]])
```

4.5 排序

1. 快速排序

ndarray.sort()进行本地处理,不占用空间,改变输入。

In[ ]:

```
n1 = np.random.randint(0,150,size=15)
```

In[ ]:

```
n1
```

Out[ ]:

```
array([ 80, 11, 31, 68, 83, 73, 42, 6, 40, 125, 147, 147, 88,117, 85])
```

In[ ]:

n2 = n1.sort()

In[ ]:

display(n1,n2)

Out[ ]:

array([6, 11, 31, 40, 42, 68, 73, 80, 83, 85, 88, 117, 125,147, 147])
None

In[ ]:

n3 = np.sort(n1)

In[ ]:

display(n1,n3)

Out[ ]:

array([6, 11, 31, 40, 42, 68, 73, 80, 83, 85, 88, 117, 125,147, 147])
array([6, 11, 31, 40, 42, 68, 73, 80, 83, 85, 88, 117, 125,147, 147])

如果排序后,想用元素的索引位置代替排序后的实际结果,可以进行如下操作。

In[ ]:

n4 = np.array([1.5,1.3,7.5],[5.6,7.8,1.2])

In[ ]:

np.sort(n4)

Out[ ]:

array([1.3,1.5,7.5],[1.2,5.6,7.8])

In[ ]:

np.argsort(n4)

Out[ ]:

array([[1,0,2],[2,0,1]],dtype = int64)

2. 部分排序

np.partition(a,k)

当 k 为正时,想要得到最小的 k 个数。
当 k 为负时,想要得到最大的 k 个数。

In[ ]:

n4 = np.random.randint(0,150,size = 20)

In[ ]:

n4

Out[ ]:

array([37, 74, 41, 53, 31, 11, 23, 108, 12, 128, 27, 88, 74,114, 97, 127, 60, 47, 130, 135])

In[ ]:

np.partition(n4, - 5)

Out[ ]:

array([37, 12, 41, 27, 31, 11, 23, 47, 74, 60, 53, 74, 88,97, 108, 114, 127, 128, 130, 135])

In[ ]:

np.partition(n4,5)　　♯ 顺序可能是没有排好的,但是最前面的 5 个一定是最小的 5 个

Out[ ]:

array([12, 23, 11, 27, 31, 37, 41, 47, 108, 74, 53, 88, 74,114, 97, 127, 60, 128, 130, 135])
♯ 取数组中最大的 k 个数

In[ ]:

np.partition(n4, - 2)[- 2:]

Out[ ]:

array([130, 135])

习　　题

实现以下功能,写出 NumPy 语句。

(1) 创建一个长度为 10 的一维全为 0 的 ndarray 对象,然后让第 5 个元素等于 1。

(2) 创建一个元素为从 10 到 49 的 ndarray 对象。

(3) 将第(2)题的所有元素位置反转。

(4) 使用 np.random.random 创建一个 10×10 的 ndarray 对象,并打印出最大、最小元素。

(5) 创建一个 10×10 的 ndarray 对象,且矩阵边界全为 1,里面全为 0。

(6) 创建一个每一行都是从 0 到 4 的 5×5 矩阵。

(7) 创建一个范围在(0,1)的长度为 12 的等差数列。

(8) 如何根据第 3 列来对一个 5×5 矩阵排序?

(9) 给定一个四维矩阵,如何得到最后两维的和?

第5章

Pandas基本用法

Pandas 是一个高性能的数据操作和分析工具。它在 NumPy 的基础上，提供了一种高效的 DataFrame 数据结构，使得在 Python 中进行数据清洗和分析非常快捷。Pandas 采用了很多 NumPy 的代码风格，但最大的不同在于 Pandas 主要用来处理表格型或异质型数据，而 NumPy 则相反，它更适合处理同质并且是数值类型的数据。事实上大多数时候，使用 Pandas 多于 NumPy。

通常都使用 Anaconda 发行版安装 Pandas，如果自行安装，可以使用如下命令：

```
pip install pandas
conda install pandas
python3 - m pip install -- upgrade pandas
```

安装完 Pandas 后，就可以导入它了，通常会使用下面的惯例进行导入：

```
import pandas as pd
```

有时候也会将它包含的两个重要数据结构 Series 和 DataFrame 也单独导入：

```
from pandas import Series, DataFrame
```

可以用如下命令查看当前 Pandas 的版本信息：

```
pd.__version__
```

Pandas 的核心是三大数据结构：Series、DataFrame 和 Index。绝大多数操作都是围绕这三种结构进行的。

5.1　Series

Series 是一个一维的数组对象，它包含一个值序列和一个对应的索引序列。NumPy 的一维数组通过隐式定义的整数索引获取元素值，而 Series 用一种显式定义的索引与元素关联。显式索引让 Series 对象拥有更强的能力，索引也不再仅仅是整数，还可以是别的类型，如字符串。索引也不需要连续，也可以重复，自由度非常高。

最基本的生成 Series 对象的方式是使用 Series 构造器：

In[]：

```
import pandas as pd
```

In[ ]：

```
s = pd.Series([7, -3,4, -2])
```

In[ ]：

```
s
```

Out[ ]：

```
0    7
1   -3
2    4
3   -2
dtype: int64
```

打印时，自动对齐了，看起来比较美观。左边是索引，右边是实际对应的值。默认的索引是$0 \sim N-1$（N是数据的长度）。可以通过 values 和 index 属性分别获取 Series 对象的值和索引。

In[ ]：

```
s.dtype
```

Out[ ]：

```
dtype('int64')
```

In[ ]：

```
s.values
```

Out[ ]：

```
array([ 7, -3,  4, -2], dtype = int64)
```

In[ ]：

```
s.index
```

Out[ ]：

```
RangeIndex(start = 0, stop = 4, step = 1)
```

可以在创建 Series 对象的时候指定索引。

In[ ]：

```
s2 = pd.Series([7, -3,4, -2], index = ['d','b','a','c'])
```

In[ ]：

```
s2
```

Out[ ]：

```
d    7
```

```
b   - 3
a     4
c   - 2
dtype: int64
```

In[ ]:

```
s2.index
```

Out[ ]:

```
Index(['d', 'b', 'a', 'c'], dtype = 'object')
```

In[ ]:

```
pd.Series(5, index = list('abcde'))
```

Out[ ]:

```
a   5
b   5
c   5
d   5
e   5
dtype: int64
```

In[ ]:

```
pd.Series({2:'a',1:'b',3:'c'}, index = [3,2])        # 通过 index 筛选结果
```

Out[ ]:

```
3    c
2    a
dtype: object
```

也可以在后期,直接修改 index。

In[ ]:

```
s
```

Out[ ]:

```
0    7
1   - 3
2    4
3   - 2
dtype: int64
```

In[ ]:

```
s.index = ['a','b','c','d']
```

In[ ]:

```
s
```

Out[ ]:

```
a    7
b   -3
c    4
d   -2
dtype: int64
```

类似 Python 的列表和 NumPy 的数组，Series 也可以通过索引获取对应的值。

In[ ]:

```
s2 = pd.Series([7, -3, 4, -2], index = ['d', 'b', 'a', 'c'])
```

In[ ]:

```
s2['a']
```

Out[ ]:

```
4
```

In[ ]:

```
s2[['c', 'a', 'd']]
```

Out[ ]:

```
c   -2
a    4
d    7
dtype: int64
```

也可以对 Seires 执行一些类似 NumPy 的通用函数操作。

In[ ]:

```
s2[s2 > 0]
```

Out[ ]:

```
d    7
a    4
dtype: int64
```

In[ ]:

```
s2 * 2
```

Out[ ]:

```
d    14
b   -6
a    8
c   -4
dtype: int64
```

In[ ]:

```
import numpy as np
```

In[ ]:

```
np.exp(s2)
```

Out[ ]:

```
d    1096.633158
b       0.049787
a      54.598150
c       0.135335
dtype: float64
```

因为索引可以是字符串，所以从某个角度看，Series 又比较类似 Python 的有序字典，因此可以使用 in 操作。

In[ ]:

```
'b' in s2
```

Out[ ]:

```
True
```

In[ ]:

```
'e'in s2
```

Out[ ]:

```
False
```

同样地，也会想到使用 Python 的字典来创建 Series。

In[ ]:

```
dic = {'beijing':35000,'shanghai':71000,'guangzhou':16000,'shenzhen':5000}
```

In[ ]:

```
s3 = pd.Series(dic)
```

In[ ]:

```
s3
```

Out[ ]:

```
beijing      35000
shanghai     71000
guangzhou    16000
shenzhen      5000
dtype: int64
```

In[ ]:

```
s3.keys()  # 同样地,具有类似字典的方法
```

Out[ ]:

```
Index(['beijing', 'shanghai', 'guangzhou', 'shenzhen'], dtype = 'object')
```

In[ ]:

```
s3.items()
```

Out[ ]:

```
< zip at 0x1a5c2d88c88 >
```

In[ ]:

```
list(s3.items())
```

Out[ ]:

```
[('beijing', 35000),
('shanghai', 71000),
('guangzhou', 16000),
('shenzhen', 5000)]
```

In[ ]:

```
s3['changsha'] = 20300
```

In[ ]:

```
city = ['nanjing', 'shanghai','guangzhou','beijing']
```

In[ ]:

```
s4 = pd.Series(dic, index = city)
```

In[ ]:

```
s4
```

Out[ ]:

```
nanjing        NaN
shanghai    71000.0
guangzhou   16000.0
beijing     35000.0
dtype: float64
```

　　city 列表中,多了 nanjing,但少了 shenzhen。Pandas 会依据 city 中的关键字去 dic 中查找对应的值,因为 dic 中没有 nanjing,这个值缺失,所以用专门的标记值 NaN 表示。因为 city 中没有 shenzhen,所以在 s4 中也不会存在 shenzhen 这个条目。可以看出,索引很关键,在这里起到了决定性的作用。

在 Pandas 中,可以使用 isnull()和 notnull()函数来检查缺失的数据。

In[]:

```
pd.isnull(s4)
```

Out[]:

```
nanjing       True
shanghai      False
guangzhou     False
beijing       False
dtype: bool
```

In[]:

```
pd.notnull(s4)
```

Out[]:

```
nanjing       False
shanghai      True
guangzhou     True
beijing       True
dtype: bool
```

In[]:

```
s4.isnull()
```

Out[]:

```
nanjing       True
shanghai      False
guangzhou     False
beijing       False
dtype: bool
```

可以为 Series 对象和其索引设置 name 属性,这有助于标记识别。

In[]:

```
s4.name = 'people'
```

In[]:

```
s4.index.name = 'city'
```

In[]:

```
s4
```

Out[]:

```
city
nanjing         NaN
shanghai     71000.0
```

```
guangzhou    16000.0
beijing      35000.0
Name: people, dtype: float64
```

In[ ]:

```
s4.index
```

Out[ ]:

```
Index(['nanjing', 'shanghai', 'guangzhou', 'beijing'], dtype = 'object', name = 'city')
```

5.2 DataFrame

DataFrame 是 Pandas 的核心数据结构，表示的是二维的矩阵数据表，类似关系数据库的结构，每一列可以是不同的值类型，如数值、字符串、布尔值等。DataFrame 既有行索引，也有列索引，它可以被看作一个共享相同索引的 Series 的字典。

5.2.1 创建 DataFrame 对象

In[ ]:

```
dates = ['2021-01-01','2021-01-02','2021-01-03',
      '2021-01-04','2021-01-05','2021-01-06']
dates = pd.to_datetime(dates)
dates
```

Out[ ]:

```
DatetimeIndex(['2021-01-01','2021-01-02','2021-01-03',
              '2021-01-04','2021-01-05','2021-01-06'],
dtype = 'datetime64[ns]', freq = None)
```

In[ ]:

```
df = pd.DataFrame(np.random.randn(6,4), index = dates, columns = list('ABCD'))
df
```

输出结果如图 5-1 所示。

	A	B	C	D
2021-01-01	-0.248793	-0.090349	0.182044	3.971109
2021-01-02	-0.583737	-1.648617	0.873211	-0.848886
2021-01-03	-0.061564	-0.877747	0.347661	-0.829144
2021-01-04	-0.070906	-0.078362	-0.369856	-0.811988
2021-01-05	0.245959	2.130982	0.327305	0.615350
2021-01-06	-0.757878	-0.162731	-0.557198	-0.580417

图 5-1 创建 DataFrame 对象

5.2.2 查看 DataFrame 对象

In[ ]:

df.head(3)

前 3 行输出结果如图 5-2 所示。

In[ ]:

df.tail(4)

后 4 行输出结果如图 5-3 所示。

In[ ]:

df.columns

	A	B	C	D
2021-01-01	-0.248793	-0.090349	0.182044	3.971109
2021-01-02	-0.583737	-1.648617	0.873211	-0.848886
2021-01-03	-0.061564	-0.877747	0.347661	-0.829144

图 5-2 查看 DataFrame 对象前 3 行

	A	B	C	D
2021-01-03	-0.061564	-0.877747	0.347661	-0.829144
2021-01-04	-0.070906	-0.078362	-0.369856	-0.811988
2021-01-05	0.245959	2.130982	0.327305	0.615350
2021-01-06	-0.757878	-0.162731	-0.557198	-0.580417

图 5-3 查看 DataFrame 对象后 4 行

Out[ ]:

Index(['A', 'B', 'C', 'D'], dtype = 'object')

In[ ]:

df.index

Out[ ]:

DatetimeIndex(['2021 − 01 − 01', '2021 − 01 − 02', '2021 − 01 − 03',
              '2021 − 01 − 04', '2021 − 01 − 05', '2021 − 01 − 06'],
             dtype = 'datetime64[ns]', freq = None)

In[ ]:

df.values

Out[ ]:

array([[− 0.24879283, − 0.09034927, 0.18204419, 3.9711095],
       [− 0.58373675, − 1.64861704, 0.87321137, − 0.84888624],
       [− 0.06156446, − 0.8777472 , 0.34766089, − 0.82914362],
       [− 0.07090626, − 0.07836195, − 0.36985636, − 0.81198838],
       [0.24595941, 2.13098157, 0.32730456, 0.61535036],
       [− 0.75787777, − 0.16273068, − 0.55719831, − 0.58041744]])

In[ ]：

```
df.describe()    # 查看数值数据的详细信息
```

输出结果如图 5-4 所示。

	A	B	C	D
count	6.000000	6.000000	6.000000	6.000000
mean	-0.246153	-0.121137	0.133861	0.252671
std	0.369538	1.263503	0.522185	1.906285
min	-0.757878	-1.648617	-0.557198	-0.848886
25%	-0.500001	-0.698993	-0.231881	-0.824855
50%	-0.159850	-0.126540	0.254674	-0.696203
75%	-0.063900	-0.081359	0.342572	0.316408
max	0.245959	2.130982	0.873211	3.971109

图 5-4　数值数据的详细信息 1

5.2.3　DataFrame 对象的索引与切片

1. DataFrame 行与列的单独操作

```
df[1:3]                          # 行操作
df['A']                          # 列操作
df[['A','C']]                    # 多列操作
df[df['A']>0]                    # bool 值操作
```

2. 标签索引与切片
loc 利用 index 的名称获取想要的行(或列)。

```
df.loc[:,'A']                    # 提取 A 列数据
df.loc[:,'A':'C']                # 提取 A～C 列数据
df.loc[dates[0:2],'A':'C']       # 提取 0、1 行的 A～C 列数据
df.loc[dates[0],'A']             # 提取 0 行的 A 列数据
df.at[dates[0],'A']              # 提取 0 行的 A 列数据
df.loc[df.loc[:,'A']>0]          # 提取 A 列大于 0 的行
```

3. 位置索引与切片
iloc 利用 index 的具体位置(所以它只能是整数型参数)获取想要的行(或列)。

```
df.iloc[2]                       # 提取行为 2(第 3 行)的数据
df.iloc[:,2]                     # 提取列为 2(第 3 列)的数据
df.iloc[[1,4],[2,3]]             # 提取行为 1、4，列为 2、3 的数据
df.iloc[1:4,2:4]                 # 提取行为 1～3，列为 2、3 的数据
df.iloc[3,3]                     # 提取行为 3，列为 3 的数据
df.iat[3,3]                      # 提取行为 3，列为 3 的数据
df.loc[:,df.iloc[3]>0]           # 提取所有行，列为 3 的大于 0 的数据
```

4．DataFrame 的操作

1）转置

```
df.T
```

2）排序与排名

```
df.sort_index(axis = 0, ascending = False)        # 按行标签排序
df.sort_index(axis = 1, ascending = False)        # 按列标签排序
df.sort_values(by = 'C')                          # 按某列排序
df.sort_values(by = '2016 - 01 - 05', axis = 1)   # 按某行排序
```

3）增加列

```
s1 = pd.Series([1,2,3,4,5,6], index = pd.date_range('20160101', periods = 6))
df['E'] = s1
```

4）增加行

方式 1：

```
df1 = pd.DataFrame({'A':[1,2,3],'B':[4,5,6],'C':[7,8,9]},\
                index = pd.date_range('20160110', periods = 3))
df.append(df1)
```

方式 2：

```
data = np.random.randn(1,4)
date = pd.to_datetime('20160107')
df.loc[date,] = data
```

方式 3：

```
pd.concat([df,df1], join = 'inner')
```

5）删除操作

```
df.drop(dates[1:3])                   # 删除 1、2 行的数据, df 并没有删除
df.drop('A', axis = 1)                # 删除 A 列的数据, 注意删除列时, 需要指定 axis = 1
del df['A']                           # 删除 A 列的数据, df 并没有删除
df.drop(dates[1:3], inplace = True)   # 删除 1、2 行的数据, df 相应行删除
```

6）替换操作

```
df.loc[dates[2],'C'] = 0
df.iloc[0,2] = 0
df.loc[:,'B'] = np.arange(0,len(df))   # 替换 B 列
df.loc[date,] = data                   # 替换 date 所在行的数据
```

5．DataFrame 的运算

1）简单运算

Series 与 Series 运算：匹配规则为 index 与 index，如不能匹配，就用 NaN。

In[]：

```
s1 = pd.Series([1,2,3], index = list('ABC'))
```

```
s2 = pd.Series([4,5,6],index = list('BCD'))
s1 + s2
```

Out[]:

```
A    NaN
B    6.0
C    8.0
D    NaN
dtype: float64
```

Series 与 DataFrame 运算：匹配规则为 index 与 column，如不能匹配，就用 NaN，每行元素都进行列操作。

In[]:

```
df1 = pd.DataFrame(np.arange(1,13).reshape(3,4),
            index = list('abc'),columns = list('ABCD'))
df1 - s1
```

Out[]:

```
     A    B    C    D
a  0.0  0.0  0.0  NaN
b  4.0  4.0  4.0  NaN
c  8.0  8.0  8.0  NaN
```

DataFrame 与 DataFrame 运算：匹配规则为 index 与 column 同时匹配，如不能匹配，就用 NaN，每行元素都进行列操作。

In[]:

```
df2 = pd.DataFrame(np.arange(1,13).reshape(4,3),
            index = list('bcde'),columns = list('CDE'))
df1 * df2
```

Out[]:

```
     A    B     C     D    E
a  NaN  NaN   NaN   NaN  NaN
b  NaN  NaN   7.0  16.0  NaN
c  NaN  NaN  44.0  60.0  NaN
d  NaN  NaN   NaN   NaN  NaN
e  NaN  NaN   NaN   NaN  NaN
```

2）函数的应用和映射

函数基本形式为：

```
DataFrame.apply(func,axis = 0)
```

In[]:

```
df0 = pd.DataFrame(np.random.rand(6,4),
            index = pd.date_range('20160101',periods = 6),
              columns = list('ABCD'))
```

```
df0.apply(max,axis = 0)
```

Out[ ]:

```
A    0.945795
B    0.695932
C    0.923623
D    0.594854
dtype: float64
```

也可以使用自定义函数：

```
f = lambda x: x.max() - x.min()
df0.apply(f,axis = 1)
```

6. 数据规整化

1) 使用 pd.concat()函数实现简易合并

In[ ]:

```
ser1 = pd.Series(['A', 'B', 'C'], index = [1, 2, 3])
ser2 = pd.Series(['D', 'E', 'F'], index = [4, 5, 6])
pd.concat([ser1, ser2])
```

Out[ ]:

```
1    A
2    B
3    C
4    D
5    E
6    F
dtype: object
```

2) 合并与连接

(1) 一对一连接。

In[ ]:

```
df1 = pd.DataFrame({
 'employee': ['Bob', 'Jake', 'Lisa', 'Sue'],
 'group': ['Accounting', 'Engineering', 'Engineering', 'HR']
})
 df2 = pd.DataFrame({
 'employee': ['Lisa', 'Bob', 'Jake', 'Sue'],
 'hire_data': [2004, 2008, 2012, 2014]
})
 print(df1); print(df2)
```

Out[ ]:

```
  employee        group
0     Bob   Accounting
1    Jake  Engineering
2    Lisa  Engineering
```

```
3      Sue          HR
    employee   hire_data
0      Lisa        2004
1       Bob        2008
2      Jake        2012
3       Sue        2014
```

In[ ]:

```
df3 = pd.merge(df1, df2)
df3
```

Out[ ]:

```
     employee     group     hire_data
0       Bob    Accounting       2008
1      Jake    Engineering      2012
2      Lisa    Engineering      2004
3       Sue          HR         2014
```

（2）多对一连接。

In[ ]:

```
df4 = pd.DataFrame({
 'group' : ['Accounting', 'Engineering', 'HR'],
 'supervisor' : ['Carly', 'Guido', 'Steve']
    })
    print(pd.merge(df3, df4))
```

Out[ ]:

```
     employee        group    hire_data supervisor
0       Bob     Accounting       2008      Carly
1      Jake     Engineering      2012      Guido
2      Lisa     Engineering      2004      Guido
3       Sue             HR       2014      Steve
```

（3）多对多连接。

In[ ]:

```
df5 = pd.DataFrame({
 'group' : ['Accounting', 'Accounting', 'Engineering', 'Engineering', 'HR', 'HR'],
 'skills' : ['math', 'spreadsheets', 'coding', 'linux', 'spreadsheets', 'organization']
 })
 print(pd.merge(df1, df5))
```

Out[ ]:

```
  employee       group          skills
0     Bob    Accounting           math
1     Bob    Accounting    spreadsheets
2    Jake    Engineering         coding
3    Jake    Engineering          linux
```

```
4      Lisa   Engineering          coding
5      Lisa   Engineering          linux
6       Sue           HR   spreadsheets
7       Sue           HR   organization
```

（4）设置数据合并的键。

In[ ]：

```
print(pd.merge(df1, df2, on = 'employee'))
```

Out[ ]：

```
  employee        group  hire_data
0      Bob   Accounting       2008
1     Jake  Engineering       2012
2     Lisa  Engineering       2004
3      Sue           HR       2014
```

In[ ]：

```
df3 = pd.DataFrame({
    'name': ['Bob', 'Jake', 'Lisa', 'Sue'],
    'salary': [70000, 80000, 120000, 90000]
    })
    print(df1)
    print(df3)
    print(pd.merge(df1, df3, left_on = 'employee', right_on = 'name'))
```

Out[ ]：

```
  employee        group
0      Bob   Accounting
1     Jake  Engineering
2     Lisa  Engineering
3      Sue           HR
  name    salary
0  Bob     70000
1  Jake    80000
2  Lisa   120000
3  Sue     90000
  employee        group  name    salary
0      Bob   Accounting   Bob     70000
1     Jake  Engineering  Jake     80000
2     Lisa  Engineering  Lisa    120000
3      Sue           HR   Sue     90000
```

3）透视表

```
pivot_table(data, values = None, index = None, columns = None, aggfunc = 'mean', fill_value = None,
margins = False, dropna = True, argins_name = 'All')
```

index：透视表的行索引，必要参数，如果想要设置多层次索引，使用列表[ ]。

values：对目标数据进行筛选，默认是全部数据，可以通过 values 参数设置想要展示的数据列。

columns：透视表的列索引，非必要参数，同 index 使用方式一样。

aggfunc：对数据聚合时进行的函数操作，默认是求平均值，也可以用 sum、count 等。

margins：为 True 时，会添加行/列的总计，默认对行/列求和。

fill_value：对空值进行填充。

dropna：默认开启去重。

margins_name：margins＝True 时，设定 margins 行/列的名称。

In[]：

```
df = pd.DataFrame({"A": ["foo", "foo", "foo", "foo", "foo",
                         "bar", "bar", "bar", "bar"],
                   "B": ["one", "one", "one", "two", "two",
                         "one", "one", "two", "two"],
                   "C": ["small", "large", "large", "small",
                         "small", "large", "small", "small",
                         "large"],
                   "D": [1, 2, 2, 3, 3, 4, 5, 6, 7]})
```

	A	B	C	D
0	foo	one	small	1
1	foo	one	large	2
2	foo	one	large	2
3	foo	two	small	3
4	foo	two	small	3
5	bar	one	large	4
6	bar	one	small	5
7	bar	two	small	6
8	bar	two	large	7

输出结果如图 5-5 所示。

图 5-5 创建 DataFrame 对象

In[]：

```
table1 = pd.pivot_table(df, values = 'D', index = ['A', 'B'], columns = ['C'],
    aggfunc = np.sum)
table1
```

Out[]：

```
 C       large  small
A    B
bar  one    4.0    5.0
     two    7.0    6.0
foo  one    4.0    1.0
     two    NaN    6.0
```

In[]：

```
table2 = pd.pivot_table(df, values = 'D', index = ['A', 'B'],
            aggfunc = np.sum)
table2
```

Out[]：

```
          D
A    B
bar  one    9
     two   13
foo  one    5
     two    6
```

In[ ]:

```
table3 = pd.pivot_table(df, values = 'D',columns = ['C'],
                aggfunc = np.sum)
table3
```

Out[ ]:

```
C    large   small
D     15      18
```

In[ ]:

```
table4 = pd.pivot_table(df, values = 'D', index = ['A', 'B'],columns = ['C'],
aggfunc = np.sum,margins = True,margins_name = 'total')
       table4
```

Out[ ]:

```
  C       large   small   total
A    B
bar  one   4.0     5.0      9
     two   7.0     6.0     13
foo  one   4.0     1.0      5
     two   NaN     6.0      6
total      15.0    18.0    33
```

7. 保存结果

```
data.to_csv('cleanfile.csv',encoding = 'utf - 8')
```

5.3 应用举例

下面按照数据挖掘中数据处理的步骤,通过一个实际案例——泰坦尼克数据集分析,讲解 DataFrame 的用法。

数据集各字段意义如下。

PassengerId:乘客编号。

Survived:存活情况(1 表示存活,0 表示死亡)。

Pclass:客舱等级。

Name:乘客姓名。

Sex:性别。

Age:年龄。

SibSp:同乘的兄弟姐妹/配偶数。

Parch:同乘的父母/小孩数。

Ticket:船票编号。

Fare:船票价格。

Cabin:客舱号。

Embarked：登船港口（出发地点为 S 表示英国南安普敦；途经地点为 C 表示法国瑟堡市，Q 表示爱尔兰昆士敦）。

5.3.1 数据读取

读取 CSV 文件格式如下。

```
pd.read_csv(filepath,encoding,sep,header,names,usecols,index_col,skiprows,nrows…)
```

参数说明如下：

filepath：文件存储路径，可以用 r"" 进行非转义限定，路径最好是纯英文（文件名也是），不然会经常遇到编码错误的问题，最方便的做法是直接将文件存储在 Pandas 默认的路径下，直接输入文件名即可。

encoding：Pandas 默认编码是 UTF-8，如果同样读取默认 UFT-8 的 TXT 或者 JSON 格式文件，则可以忽略这个参数，如果是 CSV 文件，且数据中有中文时，则要指定 encoding='gbk'。

sep：指定分隔符形式，CSV 文件默认用逗号分隔，可以忽略这个参数，如果是其他分隔方式，则要填写。

header：指定第一行是否是列名。通常有三种用法：忽略或 header=0（表示数据第一行为列名）以及 header=None（表明数据没有列名），常与 names 搭配使用。

names：指定列名，通常用一个字符串列表表示，当 header=0 时，用 names 可以替换掉数据中的第一行作为列名；如果 header=None，用 names 可以增加一行作为列名；如果没有 header 参数，则用 names 会增加一行作为列名，原数据的第一行仍然保留。

usecols：一个字符串列表，可以指定读取的列名。

index_col：一个字符串列表，指定哪几列作为索引。

skiprows：跳过多少行再读取数据，通常数据不太干净，需要去除掉表头才会用到。

nrows：仅读取多少行，后面的处理也都仅限于读取的这些行。

In[]：

```python
import pandas as pd
import numpy as np
df = pd.read_csv("Titanic.csv")
df.shape
```

Out[]：

```
(891, 12)
```

In[]：

```python
df.head()    # 显示前 5 行
```

输出结果如图 5-6 所示。

In[]：

```python
df.dtypes    # 查看数据类型
```

	PassengerId	Survived	Pclass	Name	Sex	Age	SibSp	Parch	Ticket	Fare	Cabin	Embarked
0	1	0	3	Braund, Mr. Owen Harris	male	22.0	1	0	A/5 21171	7.2500	NaN	S
1	2	1	1	Cumings, Mrs. John Bradley (Florence Briggs Th...	female	38.0	1	0	PC 17599	71.2833	C85	C
2	3	1	3	Heikkinen, Miss. Laina	female	26.0	0	0	STON/O2. 3101282	7.9250	NaN	S
3	4	1	1	Futrelle, Mrs. Jacques Heath (Lily May Peel)	female	35.0	1	0	113803	53.1000	C123	S
4	5	0	3	Allen, Mr. William Henry	male	35.0	0	0	373450	8.0500	NaN	S

图 5-6　显示前 5 行数据

Out[ ]:

```
PassengerId    int64
Survived       int64
Pclass         int64
Name           object
Sex            object
Age            float64
SibSp          int64
Parch          int64
Ticket         object
Fare           float64
Cabin          object
Embarked       object
dtype: object
```

Pandas 能够探测到数值类型,因此已经有一些数据存为整数值。当它检测到双精度值时,会自动将其转换为 float 类型。这里有两个更加实用的命令。

In[ ]:

```
df.info()    # 查看数据信息
```

Out[ ]:

```
<class 'pandas.core.frame.DataFrame'>
RangeIndex: 891 entries, 0 to 890
Data columns (total 12 columns):
PassengerId    891 non-null int64
Survived       891 non-null int64
Pclass         891 non-null int64
Name           891 non-null object
Sex            891 non-null object
Age            714 non-null float64
SibSp          891 non-null int64
Parch          891 non-null int64
Ticket         891 non-null object
Fare           891 non-null float64
Cabin          204 non-null object
Embarked       889 non-null object
```

```
dtypes: float64(2), int64(5), object(5)
memory usage: 83.6 + KB
```

可以直观地知道这里有 891 项（行），大部分变量都是完整的（891 为 non-null）。但实际上 Age、Cabin、Embarked 列在某处都有空值。

In[ ]:

```
df.describe()   # 查看数值数据的详细信息
```

输出结果如图 5-7 所示。

	PassengerId	Survived	Pclass	Age	SibSp	Parch	Fare
count	891.000000	891.000000	891.000000	714.000000	891.000000	891.000000	891.000000
mean	446.000000	0.383838	2.308642	29.699118	0.523008	0.381594	32.204208
std	257.353842	0.486592	0.836071	14.526497	1.102743	0.806057	49.693429
min	1.000000	0.000000	1.000000	0.420000	0.000000	0.000000	0.000000
25%	223.500000	0.000000	2.000000	20.125000	0.000000	0.000000	7.910400
50%	446.000000	0.000000	3.000000	28.000000	0.000000	0.000000	14.454200
75%	668.500000	1.000000	3.000000	38.000000	1.000000	0.000000	31.000000
max	891.000000	1.000000	3.000000	80.000000	8.000000	6.000000	512.329200

图 5-7　数值数据的详细信息 2

Pandas 列出了所有数值列，而且快速地算出了均值、标准差、最小值和最大值。非常方便。但要注意的是，在 Age 中有很多缺失值，Pandas 是怎么处理它们的呢？它会遗留下很多空值。

从数据中可以看出，年龄的最大值是 80。如果想观察数据中的特定子集，如 Pclass 和 Age 列，Pandas 使用 a[list]的形式即可。

In[ ]:

```
df[['Sex','Pclass','Age']]
```

Out[ ]:

```
    Sex    Pclass  Age
 0  male   3       22.0
 1  female 1       38.0
 2  female 3       26.0
 3  female 1       35.0
 4  male   3       35.0
 5  male   3       NaN
...
...
[891 rows x 3 columns]
```

同样可以通过设置条件来过滤数据。

In[ ]:

```
df[df['Age']>60].loc[0:100,]   # 前 100 行中年龄大于 60 岁的记录
```

输出结果如图 5-8 所示。

	PassengerId	Survived	Pclass	Name	Sex	Age	SibSp	Parch	Ticket	Fare	Cabin	Embarked
33	34	0	2	Wheadon, Mr. Edward H	male	66.0	0	0	C.A. 24579	10.5000	NaN	S
54	55	0	1	Ostby, Mr. Engelhart Cornelius	male	65.0	0	1	113509	61.9792	B30	C
96	97	0	1	Goldschmidt, Mr. George B	male	71.0	0	0	PC 17754	34.6542	A5	C

图 5-8　前 100 行中年龄大于 60 岁的记录

5.3.2　数据清洗

数据清洗主要分为如下三步。

（1）重复值处理——删除。

（2）缺失值处理——删除，填充（均值、众数、中位数、前后相邻值）和插值（拉格朗日插值、牛顿插值）。

（3）异常值处理——进行描述性分析＋散点图＋箱型图定位异常值，处理方法为删除，将其视为缺失值。

1. 重复值处理

In[ ]:

```
df.duplicated().value_counts()
```

Out[ ]:

```
False    891
dtype: int64
```

可以看出，数据集没有重复值。如果 DataFrame 中存在重复的行或者几行中某几列的值重复，这时候需要去掉重复行。示例如下：

```
data.drop_duplicates(subset = ['A','B'],keep = 'first',inplace = True)
```

代码中 subset 对应的值是列名，表示只考虑 A 和 B 两列，将这两列对应值相同的行进行去重。默认值为 subset＝None，表示考虑所有列。keep＝'first'表示保留第一次出现的重复行，是默认值。keep 另外两个取值为'last'和 False，分别表示保留最后一次出现的重复行和去除所有重复行。

inplace＝True 表示直接在原来的 DataFrame 上删除重复项，而默认值 False 表示生成一个副本。

2. 缺失值处理

缺失值查找：先通过 isnull()函数看一下是否有空值，结果是有空值的地方显示为 True，没有空值的地方显示为 False；再通过 isnull().any()直接看每一列是否有空值，只要这一列有一个空值，结果就为 True；如果想具体看哪几行有空值，可以再用 df.isnull().values==True 来定位。

In[ ]:

```
df.isnull().any()
```

Out[ ]：

```
PassengerId    False
Survived       False
Pclass         False
Name           False
Sex            False
Age            True
SibSp          False
Parch          False
Ticket         False
Fare           False
Cabin          True
Embarked       True
dtype: bool
```

可以看出，Age、Cabin、Embarked 列都有空值。

也可以用另外一种方法查看缺失值情况。

In[ ]：

```
import missingno
missingno.matrix(df, figsize = (30,5))
```

输出结果如图 5-9 所示。

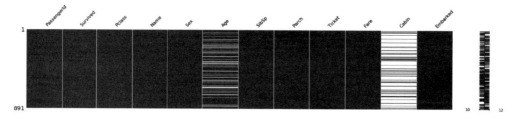

图 5-9　通过 missingno 查看缺失值情况

下面对缺失值进行处理。

（1）删除缺失值。

```
dropna(axis, subset, how, thresh, inplace)
```

参数说明如下。

axis：删除行或列，行为 0 或 index，列为 1 或 column，默认为行。

subset：删除某几列的缺失值，可选，默认为所有列。

how：any 或 all。any 表明只要出现一个缺失值就删除，all 表示所有列均为缺失值才删除。

thresh：缺失值的数量标准，达到这个阈值才会删除。

inplace：是否直接在原文件中修改。

In[ ]：

```
df.dropna(how = 'any', axis = 0, inplace = True)
```

```
df.isnull().any()
```

Out[ ]:

```
PassengerId    False
Survived       False
Pclass         False
Name           False
Sex            False
Age            False
SibSp          False
Parch          False
Ticket         False
Fare           False
Cabin          False
Embarked       False
dtype: bool
```

（2）缺失值填充。

```
fillna(value,method,{},limit,inplace,axis)
```

参数说明如下。

value：可以传入一个字符串或数字替代 NaN，值可以是指定的或者平均值、众数或中位数等。

method：有 ffill（用前一个填充）和 bfill（用后一个填充）两种。

{}：可以根据不同的列填充不同的值，列为键，填充值为值。

limit：限定填充的数量。

inplace：是否直接在原文件中修改。

axis：填充的方向，默认为 0，按行填充。

接下来对 Sex 分组，用各组乘客的平均年龄填充各组中的缺失年龄，使用 Embarked 变量的众数填充缺失值。

In[ ]:

```
fillna_Titanic = []
    for i in df.Sex.unique():
     update = df.loc[df.Sex == i,]
     update.fillna(value = {'Age': df.Age[df.Sex == i].mean()}, inplace = True)
     fillna_Titanic.append(update)
    df = pd.concat(fillna_Titanic)
    df.fillna(value = {'Embarked':df.Embarked.mode()[0]}, inplace = True)
    df.isnull().sum() # 查看各列是否有空值
```

Out[ ]:

```
PassengerId    0
Survived       0
Pclass         0
Name           0
Sex            0
```

```
Age              0
SibSp            0
Parch            0
Ticket           0
Fare             0
Cabin          687
Embarked         0
dtype: int64
```

Cabin 客舱号有缺失，PassengerId、Ticket、Cabin 与是否获救无关，可以删除。

In[]：

```
data.drop(['PassengerId', 'Ticket', 'Cabin'], axis = 1, inplace = True)
```

5.3.3 数据规整

数据规整是在数据清洗完毕后，将其调整为适合分析的结构，为后续的深入分析做准备，主要分为以下几类。

索引和列名调整：设定新索引，筛选想要的列，更改列名。

数据排序：根据索引或列进行排序。

数据格式调整：更改数据类型，更改数据内容（去除空格标点符号/截取/替换/统一数据单位等），增加用于分析的辅助列。

数据拼接：行堆叠和列拼接。

数据透视：行或列维度转换。

1. 将性别转换为数值，便于后续进行分析

In[]：

```
df.loc[df['Sex'] == 'male', 'Sex'] = 0
df.loc[df['Sex'] == 'female', 'Sex'] = 1
```

或者：

```
df['Sex'] = df['Sex'].map( {'female': 1, 'male': 0} ).astype(int)
```

2. 将登录港口转换为数值，便于后续分析

In[]：

```
print(df.Embarked.unique())
df.loc[df['Embarked'] == 'S', 'Embarked'] = 0
df.loc[df['Embarked'] == 'C', 'Embarked'] = 1
df.loc[df['Embarked'] == 'Q', 'Embarked'] = 2
```

Out[]：

```
[0, 2, 1]
```

In[]：

```
df.describe()
```

输出结果如图 5-10 所示。

	Survived	Pclass	Sex	Age	SibSp	Parch	Fare	Embarked
count	891.000000	891.000000	891.000000	891.000000	891.000000	891.000000	891.000000	891.000000
mean	0.383838	2.308642	0.352413	29.736034	0.523008	0.381594	32.204208	0.361392
std	0.486592	0.836071	0.477990	13.014897	1.102743	0.806057	49.693429	0.635673
min	0.000000	1.000000	0.000000	0.420000	0.000000	0.000000	0.000000	0.000000
25%	0.000000	2.000000	0.000000	22.000000	0.000000	0.000000	7.910400	0.000000
50%	0.000000	3.000000	0.000000	30.000000	0.000000	0.000000	14.454200	0.000000
75%	1.000000	3.000000	1.000000	35.000000	1.000000	0.000000	31.000000	1.000000
max	1.000000	3.000000	1.000000	80.000000	8.000000	6.000000	512.329200	2.000000

图 5-10　数值数据的详细信息 3

3．建立透视表

（1）查看不同性别的存活率。

In［］：

```
table = pd.pivot_table(df, index = ["Sex"], values = "Survived")
print(table)
```

Out［］：

```
        Survived
Sex
0       0.188908
1       0.742038
```

可见女性的存活率很高。

参数说明如下。

df：要传入的数据。

index：values to group by in the rows，也就是透视表建立时要根据哪些字段进行分组，这里只依据性别分组。

values：对哪些字段进行聚合操作，因为这里只关心不同性别下的存活率情况，所以 values 只需要传入一个值"survived"。

将所有乘客按性别分为男、女两组后，对"survived"字段开始进行聚合，默认的聚合函数是"mean"，也就是求每个性别组下所有成员的"survived"的均值，即可分别求出男、女两组各自的平均存活率。

（2）添加列索引：pclass 为客舱级别，共有 1、2、3 三个级别，1 级别最高。

In［］：

```
table = pd.pivot_table(df, index = ["Sex"], values = "Survived")
print(table)
```

Out［］：

```
Pclass      1           2           3
```

```
Sex
0   0.368852   0.157407   0.135447
1   0.968085   0.921053   0.500000
```

可以发现，无论是男性还是女性，客舱级别越高，存活率越高；在各个舱位中，女性的生还概率都远大于男性；一、二等舱的女性生还率接近，且远大于三等舱；一等舱的男性生还率大于二、三等舱，二、三等舱的男性生还率接近。

（3）多级行索引：添加一个行级分组索引。

In[]：

```
table = pd.pivot_table(df, index = ["Sex","Pclass"], values = "Survived")
print(table)
```

Out[]：

```
            Survived
Sex Pclass
0   1       0.368852
    2       0.157407
    3       0.135447
1   1       0.968085
    2       0.921053
    3       0.500000
```

添加一个行级索引"Pclass"后，现在透视表具有二层行级索引和一层列级索引。仔细观察透视表发现，与上面的"添加一个列级索引"在分组聚合效果上是一样的，都是将每个性别组中的成员再次按照客票级别划分为 3 个小组。

（4）将年龄以 18 岁为界，生成一个和年龄有关的透视表。

In[]：

```
def generate_age_label(row):
    age = row["Age"]
    if age < 18:
    return "minor"
    else:
    return "adult"
age_labels = df.apply(generate_age_label, axis = 1)
df['age_labels'] = age_labels
table = df.pivot_table(index = "age_labels", values = "Survived")
print(table)
```

Out[]：

```
            Survived
age_labels
adult       0.361183
minor       0.539823
```

可以发现，未成年组存活率较高。

（5）性别（Sex）、客舱级别（Pclass）、登船港口（Embarked）与生还率关系。

In[ ]：

```
df.pivot_table(values = "Survived",index = "Sex",columns = ["Pclass","Embarked"],
aggfunc = np.mean)
```

输出结果如图 5-11 所示。

Pclass	1			2			3		
Embarked	0	1	2	0	1	2	0	1	2
Sex									
0	0.35443	0.404762	0.0	0.154639	0.2	0.0	0.128302	0.232558	0.076923
1	0.96000	0.976744	1.0	0.910448	1.0	1.0	0.375000	0.652174	0.727273

图 5-11 统计结果

可以看出，Sex＝0 且 Embarked＝1 时，即男性在途经地点 1：C＝法国瑟堡市（Cherbourg）登船时，在各个客舱级别中的存活率相对较高。

习　　题

探索鸢尾花数据。

（1）将数据集保存为变量 iris。

（2）创建数据框的列名称['sepal_length','sepal_width', 'petal_length', 'petal_width', 'class']。

（3）数据框中有缺失值吗？

（4）将 petal_length 列的第 10～19 行设置为缺失值。

（5）将 petal_length 列的缺失值全部替换为 1.0。

（6）删除 class 列。

（7）将数据框前 3 行设置为缺失值。

（8）删除有缺失值的行。

（9）重新设置索引。

第6章 Matplotlib基本用法

对于进行数据处理、分析、科学计算、机器学习等相关工作而言,将枯燥乏味、难以理解的数据、过程、结果等以图形的方式展现出来,既有助于推动任务发展,又能给予客户直观、形象、可理解的交付成果,是必不可少的一个工作环节。

在 Python 的生态环境中,Matplotlib 是最著名的绘图库,它支持几乎所有的 2D 绘图和部分 3D 绘图,被广泛地应用在科学计算和数据可视化领域,是每个数据处理领域人员几乎必学的工具。通过 Matplotlib,开发者仅需要几行代码,便可以生成线型图、直方图、功率谱、条形图、错误图、散点图等各类型图谱。

从 Matplotlib 的名字上就可以看到,它对标的是大名鼎鼎的 MATLAB,从提供的功能、函数名、参数使用方法上,两者都非常相似。所以,有 MATLAB 基础的人员,学 Matplotlib 会相对比较轻松,反之亦然。

Matplotlib 在使用上往往和 NumPy、Pandas、IPython、Jupyter Notebook 等配合进行,跨平台,可无缝集成,使用方便,效率高。

对于 Matplotlib 的安装,推荐 Anaconda 发行版。这是最好的选择。

如果要自己安装,可以使用下面的命令:

```
python - m pip install - U pip
python - m pip install - U matplotlib
```

Matplotlib 提供了大量的绘图种类,这里不一一介绍,学习量太大,也没必要。正确的方式是以典型绘图为例,掌握基本绘制技巧,然后在需要时,查阅官方文档,模仿操作。

有一句话可以形容它的丰富程度:没有做不到的,只有想不到的。

线型图是学习 Matplotlib 绘图的最基础案例。下面介绍具体过程。

```
% matplotlib notebook
import numpy as np
import matplotlib.pyplot as plt
```

下面将两条曲线绘制到一个图形中,如图 6-1 所示。

```
x = np.linspace( - 10,10,200)
plt.plot(x, x ** 2)
plt.plot(x, x ** 3)
```

可以看到这种方式下,两个线条共用一个坐标轴,并且自动区分颜色(本书为黑白印刷,具体颜色可参考运行界面)。

plot()方法的核心是 plot(x,y),x 表示横坐标值的序列,y 表示某个坐标 x 对应的值,

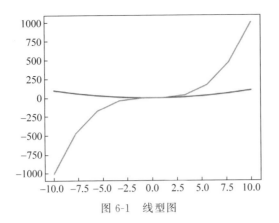

图 6-1　线型图

实际上就是函数 y＝f(x)。当只提供 y 时，x 默认使用 0～n 的整数序列。这里的序列必然是一个有限的点集，而不是想象中的无穷个点组成的一条线。如果点很稀疏，那么图形看起来就像折线；如果点很多，那么图形看起来就比较连续，形似曲线。

　　Matplotlib 其实是一个相当底层的工具，可以从其基本组件中组装一个图标，显示格式、图例、标题、注释等。Pandas 在此基础上对绘图功能进行了一定的封装，每个 Series 和 DataFrame 都有一个 plot()方法。一定要区分 Pandas 的 plot()和 Matplotlib 的 plot()方法。Pandas 的 plot()方法如图 6-2 所示。

```
import pandas as pd
df = pd.DataFrame(np.random.randn(10, 4).cumsum(0),
                  columns = ['A', 'B', 'C', 'D'],
                  index = np.arange(0, 100, 10))

df.plot()
```

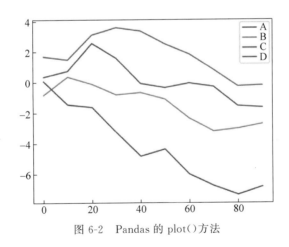

图 6-2　Pandas 的 plot()方法

　　Pandas 和 Matplotlib 的 plot()方法都可以使用，但要注意参数格式和使用场景。

6.1　线型图

1. 颜色、线型和标记
使用 color 参数可以指定线条的颜色，有多种提供方式。

```
plt.plot(x, np.sin(x - 0), color = 'blue')          # 英文字符串
plt.plot(x, np.sin(x - 1), color = 'g')             # 颜色代码(rgbcmyk)
plt.plot(x, np.sin(x - 2), color = '0.75')          # 0~1的灰度
plt.plot(x, np.sin(x - 3), color = '#FFDD44')       # 十六进制形式
plt.plot(x, np.sin(x - 4), color = (1.0,0.2,0.3))   # RGB元组
plt.plot(x, np.sin(x - 5), color = 'chartreuse');   # HTML颜色
```

结果如图 6-3 所示。

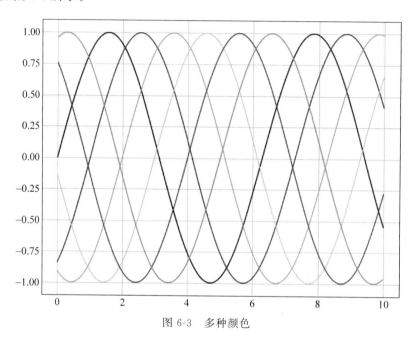

图 6-3　多种颜色

下面是常用的颜色。

蓝色：'b'（blue）。

绿色：'g'（green）。

红色：'r'（red）。

青色：'c'（cyan）。

品红：'m'（magenta）。

黄色：'y'（yellow）。

黑色：'k'（black）。

白色：'w'（white）。

可以使用 linestyle 参数指定线型。线型有两种表示方式：一是英文单词；二是形象符号。

常用的线型和符号对应如下。

实线：solid(-)。

虚线：dashed(--)。

点画线：dashdot(-.)。

实点线：dotted(:)。

```
plt.plot(x, x + 0, linestyle = 'solid')
plt.plot(x, x + 1, linestyle = 'dashed')
plt.plot(x, x + 2, linestyle = 'dashdot')
plt.plot(x, x + 3, linestyle = 'dotted')
plt.plot(x, x + 4, linestyle = '-')
plt.plot(x, x + 5, linestyle = '--')
plt.plot(x, x + 6, linestyle = '-.')
plt.plot(x, x + 7, linestyle = ':')
```

结果如图 6-4 所示。

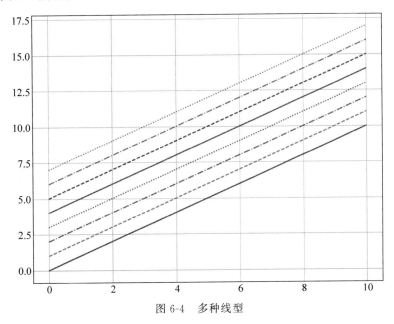

图 6-4　多种线型

可以通过 marker 参数来设置标记的类型，如图 6-5 所示。

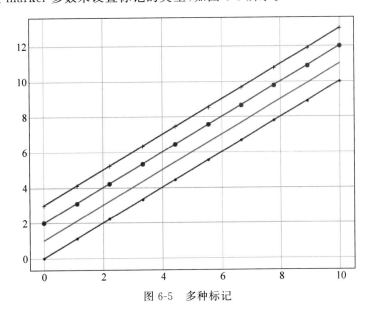

图 6-5　多种标记

```
x = np.linspace(0,10,10)
plt.plot(x, x + 0, marker = '.')
plt.plot(x, x + 1, marker = ',')
plt.plot(x, x + 2, marker = 'o')
plt.plot(x, x + 3, marker = '+')
```

其余更多标记类型如下。

'.'：实点标记。

','：像素标记。

'o'：圆形标记。

'v'：向下三角符号。

'^'：向上三角符号。

'<'：向左三角符号。

'>'：向右三角符号。

'1'：下花三角标记。

'2'：上花三角标记。

'3'：左花三角标记。

'4'：右花三角标记。

's'：方形。

'p'：五边形。

'*'：星形。

'h'：六边形1。

'H'：六边形2。

'+'：加号。

'x'：叉叉。

'D'：钻石形状。

'd'：菱形。

'|'：竖条。

'_'：横条。

此外，还有一种更便捷的做法，那就是组合颜色、线型和标记的设置。三者顺序有时可以随意，但最好使用"颜色＋标记＋线型"的顺序，如图6-6所示。

```
plt.plot(x, x + 0, 'go-')        # 绿色实线圆点标记
plt.plot(x, x + 1, 'c--')        # 青色虚线
plt.plot(x, x + 2, '-.k*')       # 黑色点画线星形标记
plt.plot(x, x + 3, ':r');        # 红色实点线
```

对于plot()方法，大部分可配置的参数如表6-1所示。

表6-1　plot()方法大部分可配置的参数

参　　　数	取　值　范　围	说　　　明
alpha	0～1	透明度
color 或 c	颜色格式	设置线条颜色

续表

参 数	取 值 范 围	说 明
label	字符串	为图形设置标签
linestyle 或 ls	可用线型	设置线条风格
linewidth 或 lw	数值	线宽
marker	可用标记	标记
markeredgecolor 或 mec	颜色	标记的边缘颜色
markeredgewidth 或 mew	数值	标记的边缘宽度
markerfacecolor 或 mfc	颜色	标记的颜色
markersize 或 ms	数值	标记的大小
solid_capstyle	butt、round、projecting	实线的线端风格
solid_joinstyle	miter、round、bevel	实线的连接风格
drawstyle	default、steps、steps-pre、steps-mid、steps-post	连线的规则
visible	True、False	显示或隐藏
xdata	np. array	主参数 x 的输入
ydata	np. array	主参数 y 的输入

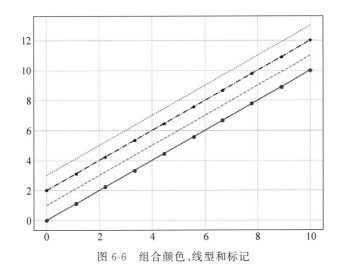

图 6-6 组合颜色、线型和标记

实际上,上面大多数的参数都可以用在 Matplotlib 中的大部分图形绘制中。

2．坐标轴上下限

使用 plt. xlim()和 plt. ylim()来调整坐标轴上下限的值,如图 6-7 所示。

```
x = np.linspace(0,10,100)
plt.plot(x,np.sin(x))
plt.xlim( - 1,11)
plt.ylim( - 1.5,1.5)
```

也可以让坐标轴逆序显示,只需要逆序提供坐标轴的限值。

```
plt.plot(x,np.sin(x))
plt.xlim(11, - 1)
plt.ylim(1.5, - 1.5)
```

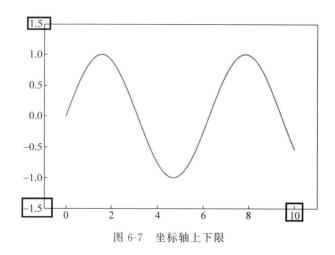

图 6-7　坐标轴上下限

或者使用 plt. axis( )方法设置坐标轴的上下限（注意区别 axes 和 axis），参数方式是 [xmin，xmax，ymin，ymax]。

```
plt.plot(x,np.sin(x))
plt.axis([-1,11,-1.5,1.5])
```

axis 的作用不仅于此，还可以按照图形的内容自动收缩坐标轴，不留空白。此种情况下，x 和 y 轴的限值会自动计算，不用提供。

```
plt.plot(x,np.sin(x))
plt.axis('tight')
# -0.5, 10.5, -1.0993384025373631, 1.0996461858110391
```

更多类似的常用设置值如下。

off：隐藏轴线和标签。

tight：紧缩模式。

equal：以 1∶1 的格式显示，x 轴和 y 轴的单位长度相等。

scaled：通过更改绘图框的尺寸来获得相同的结果。

square：x 轴和 y 轴的限值一样。

3. 坐标轴刻度

通常情况下，系统会自动根据提供的原始数据，生成 x 轴和 y 轴的刻度标签。但是很多时候，往往需要自定义刻度，让它符合需要，如图 6-8 所示。

```
plt.plot(np.random.randn(1000).cumsum())
```

可以手动提供刻度值，并调整刻度的角度和大小。

```
plt.plot(np.random.randn(1000).cumsum())
plt.xticks([0,250,500,750,1000],rotation = 30, fontsize = 'large')
plt.yticks([-45,-35,-25,-15,0],rotation = 30, fontsize = 'small')
```

结果如图 6-9 所示。

4. 图标题、轴标签和图例

图标题：plt. title( )

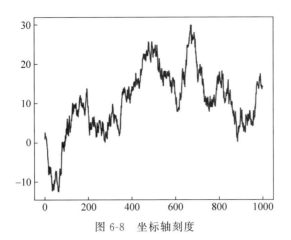

图 6-8　坐标轴刻度

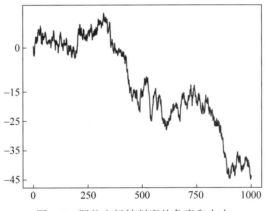

图 6-9　调整坐标轴刻度的角度和大小

轴标签：plt. xlabel()、plt. ylabel()

图例：plt. legend()

使用 label 参数,为绘制的每条线添加一个标签,然后使用 legend()方法展示出来,如图 6-10 所示。

```
plt.plot(x, np.sin(x),'-g',label = 'sin(x)')
plt.plot(x, np.cos(x),':b',label = 'cos(x)')
plt.title('a sin curve')
plt.xlabel("X")
plt.ylabel("sin(X)")
plt.legend()
```

注意：大多数 plt 方法都可以直接转换为 ax 方法,如 plt. plot()→ax. plot(),plt. legend()→ax. legend()。但并不是所有的都可以,如下面的需要这么转换：

```
plt.xlabel()→ax.set_xlabel()
plt.ylabel()→ax.set_ylabel()
plt.xlim()→ax.set_xlim()
plt.ylim()→ax.set_ylim()
plt.title()→ax.set_title()
```

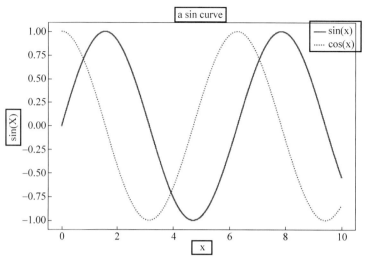

图 6-10　标题、标签、图例

在面向对象接口画图时,不需要单独调用这些函数,使用 ax. set()方法一次性设置即可。

```
x = np.linspace(0,10,100)
ax = plt.axes()
ax.plot(x,np.sin(x))
ax.set(xlim = (0,10),ylim = ( - 2,2),xlabel = 'x',ylabel = 'sin(x)',title = 'a sin  plot')
```

6.2　散点图

与线型图类似的是,散点图也是由一个个点集构成的。但不同之处在于,散点图的各点之间不会按照前后关系以线条连接起来,如图 6-11 所示。

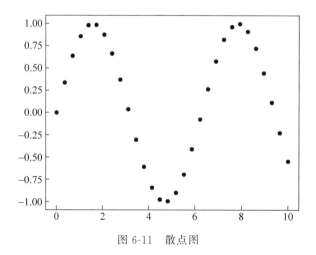

图 6-11　散点图

1. 用 plt.plot() 画散点图

```
x = np.linspace(0,10,30)
y = np.sin(x)
plt.plot(x,y,'bo', ms = 5)
```

此处的代码和前面的例子差不多，为什么这里显示的却是散点图而不是正弦曲线呢？原因有二：一是点集比较少，稀疏，才 30 个；二是没有指定线型。

2. 用 plt.scatter() 画散点图

scatter 专门用于绘制散点图，使用方法和 plot() 方法类似，区别在于前者具有更高的灵活性，可以单独控制每个散点与数据匹配，并让每个散点具有不同的属性。

一般使用 scatter() 方法，例如：

```
plt.scatter(x, y, marker = 'o')
```

下面看一个随机不同透明度、颜色和大小的散点图例子，结果如图 6-12 所示。

```
rng = np.random.RandomState(10)
x = rng.randn(100)
y = rng.randn(100)
colors = rng.rand(100)
sizes = 1000 * rng.rand(100)
plt.scatter(x, y, c = colors, s = sizes, alpha = 0.3)
plt.colorbar()  # 绘制颜色对照条
```

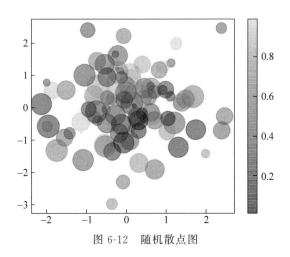

图 6-12　随机散点图

主要参数说明如下。

x,y：输入数据。

s：标记大小，以像素为单位。

c：颜色。

marker：标记。

alpha：透明度。

linewidths：线宽。

edgecolors：边界颜色。

上面的例子可以拓展到用 Scikit-learn 中经典的鸢尾花数据集 iris 来演示。

iris 数据集是常用的分类实验数据集，由 Fisher 在 1936 年收集整理，是一类多重变量分析的数据集。该数据集包含 150 个数据，分为 3 类，每类 50 个数据，每个数据包含 4 个属性。通过花萼长度、花萼宽度、花瓣长度、花瓣宽度 4 个属性预测鸢尾花卉属于（Setosa、Versicolour、Virginica）三个种类中的哪一类，如图 6-13 所示。

```
from sklearn.datasets import load_iris
iris = load_iris()          # 载入 iris 数据集
iris                        # 查看一下
iris.data                   # 查看一下
iris.target                 # 查看一下
iris.feature_names          # 查看一下
features = iris.data.T      # 转置
plt.scatter(features[0],features[1],alpha = 0.2, s = 100 * features[3],c = iris.target)
plt.xlabel(iris.feature_names[0])
plt.ylabel(iris.feature_names[1])
```

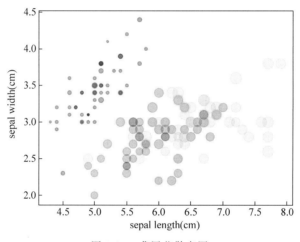

图 6-13　鸢尾花散点图

这个散点图让我们看到了不同维度的数据：每个点的坐标值 x 和 y 分别表示花萼的长度和宽度，点的大小表示花瓣的宽度，三种颜色对应三种不同类型的鸢尾花。这类多颜色、多特征的散点图在探索和演示数据时非常有用。

在处理较少点集时 scatter()方法灵活度更高，可单独配置并渲染，但所需消耗的计算和内存资源也更多。当数据达成千上万个之后，plot()方法的效率更高，因为它对所有点使用一样的颜色、大小、类型等进行配置，自然更快。

6.3　直方图

使用 hist()方法来绘制直方图，如图 6-14 所示。

```
np.random.seed(2019)
# 创建数据
```

```
mu = 100                                    ♯ 分布的均值
sigma = 15                                  ♯ 分布标准差
x = mu + sigma * np.random.randn(400)       ♯ 生成 400 个数据
num_bins = 50                               ♯ 分 50 组
plt.hist(x, num_bins, density = 1 )
plt.xlabel('Smarts')
plt.ylabel('Probability density')
plt.title(r'Histogram of IQ: ? = 100, σ = 15')
```

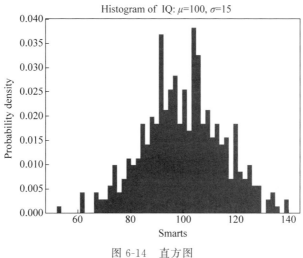

图 6-14　直方图

绘制直方图,最主要的是数据集 data 和需要划分的区间数量 bins,另外也可以设置一些颜色、类型参数。

```
plt.hist(np.random.randn(1000), bins = 30, normed = True, alpha = 0.5, histtype = 'stepfilled',
color = 'steelblue', edgecolor = 'none')
```

histtype 直方图的类型可以是'bar'、'barstacked'、'step'和'stepfilled'。

有时也会作一些直方图进行对比,如图 6-15 所示。

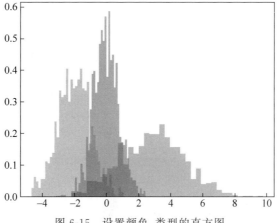

图 6-15　设置颜色、类型的直方图

```
x1 = np.random.normal(0,0.8,1000)
x2 = np.random.normal(-2,1,1000)
x3 = np.random.normal(3,2,1000)
params = dict(histtype = 'stepfilled', alpha = 0.3, normed = True, bins = 40)
plt.hist(x1, ** params)          ♯ 以字典的形式提供参数
plt.hist(x2, ** params)          ♯ 在同一个子图中绘制,颜色会自动变化
plt.hist(x3, ** params)
```

6.4　条形图

条形图也称柱状图,看起来像直方图,但完全是两码事。条形图根据不同的 x 值,为每个 x 指定一个高度 y,画一个一定宽度的条形；而直方图是对数据集进行区间划分,为每个区间画条形。

```
n = 12 ♯ 12 组数据
X = np.arange(n)
Y1 = (1 - X / n) * np.random.uniform(0.5, 1.0, n)          ♯ 生成对应的 y 轴数据
Y2 = (1 - X / n) * np.random.uniform(0.5, 1.0, n)
plt.bar(X, + Y1, facecolor = '♯9999ff', edgecolor = 'white')     ♯ + 号让所有 y 值变成正数
plt.bar(X, - Y2, facecolor = '♯ff9999', edgecolor = 'white')     ♯ 负号让所有 y 值变成负数
♯ 加上数值
for x, y in zip(X, Y1):                                    ♯ 显示文本
    plt.text(x, y + 0.05, '%.2f' % y, ha = 'center', va = 'bottom')
for x, y in zip(X, Y2):
    plt.text(x, - y - 0.05, '- %.2f' % y, ha = 'center', va = 'top')
plt.xlim(- 0.5, n)
plt.ylim(- 1.25, 1.25)
```

结果如图 6-16 所示。

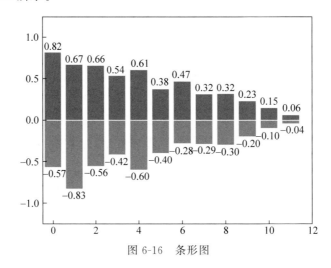

图 6-16　条形图

将上面的代码稍微修改一下,就可以得到如图 6-17 所示的图形。

```
plt.bar(X, Y1, width = 0.4, facecolor = 'lightskyblue', edgecolor = 'white')
```

```
plt.bar(X + 0.4, Y2, width = 0.4, facecolor = 'yellowgreen', edgecolor = 'white')
for x,y in zip(X,Y1):
    plt.text(x, y + 0.05, '%.2f' % y, ha = 'center', va = 'bottom')
for x,y in zip(X,Y2):
    plt.text(x + 0.4, y + 0.05, '%.2f' % y, ha = 'center', va = 'bottom')
plt.xlim( - 0.5,6)
plt.ylim(0,1.25)
```

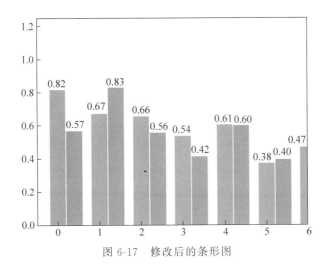

图 6-17　修改后的条形图

6.5　饼图

通过 pie()方法,可以绘制饼图,如图 6-18 所示。

```
labels = '狗', '猫', '青蛙', '乌龟'
sizes = [15, 30, 45, 10]
explode = (0, 0.1, 0, 0)
plt.pie(sizes, explode = explode, labels = labels, autopct = '%1.1f%%',
        shadow = True, startangle = 90)
plt.axis('equal')     ♯ 设置 x 轴和 y 轴均等
```

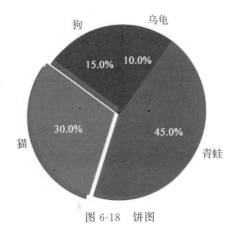

图 6-18　饼图

主要参数说明如下。

sizes：输入的数据数组。

explode：数组，可选参数，默认为 None，用来指定每部分从圆中外移的偏移量。例如，explode＝[0,0.2,0,0]，第二个饼块被拖出。

labels：每个饼块的标记。

colors：每个饼块的颜色。

autopct：自动标注百分比，并设置字符串格式。

shadow：是否添加阴影。

labeldistance：被画饼标记的直径。

startangle：从 x 轴逆时针旋转饼图的开始角度。

radius：饼图的半径。

counterclock：指定指针方向，顺时针或者逆时针。

center：图表中心位置。

6.6　Seaborn

Seaborn 是基于 Matplotlib 的 Python 可视化库。它提供了一个高级界面来绘制有吸引力的统计图形。Seaborn 其实是在 Matplotlib 的基础上进行了更高级的 API 封装，从而使得作图更加容易，不需要经过大量的调整就能使图变得精致。但应强调的是，应该把 Seaborn 视为 Matplotlib 的补充，而不是替代物。

用 Matplotlib 能够完成一些基本的图表操作，而 Seaborn 库可以让这些图的表现更加丰富。

6.6.1　Seaborn 基本操作

1. import seaborn as sns

该命令用于导入 Seaborn 库，并取别名为 sns，后续介绍都用 sns 代表 Seaborn。

2. sns.set()

该方法设置画图空间为 Seaborn 默认风格。

3. sns.set_style(strStyle)

该方法设置画图空间为指定风格，分别如下。

```
darkgrid        # 灰色网格背景
whitegrid       # 白色网格背景
dark            # 灰色背景
white           # 白色背景
ticks           # 四周加边框和刻度
```

关于绘图风格的代码示例，输出结果如图 6-19 所示。

```
import seaborn as sns
import numpy as np
import matplotlib as mpl
```

```
import matplotlib.pyplot as plt
def sinplot(flip = 1):
    x = np.linspace(0, 14, 100)
    for i in range(1, 7):
        plt.plot(x, np.sin(x + i * .5) * (7 - i) * flip)
plt.figure(figsize = (10,8))
sns.set_style("darkgrid")
plt.subplot(2,3,1)
sinplot()
sns.set_style("whitegrid")
plt.subplot(2,3,2)
sinplot()
sns.set_style("dark")
plt.subplot(2,3,3)
sinplot()
sns.set_style("white")
plt.subplot(2,3,4)
sinplot()
sns.set_style("ticks")
plt.subplot(2,3,5)
sinplot()
```

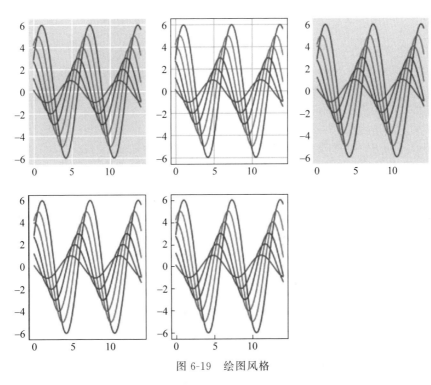

图 6-19　绘图风格

4．sns.despine()

该方法隐藏右边和上边的边框线。

5．sns.despine(offset = 10)

该方法设置图离轴线的距离。

6. sns.despine(left = True)

该方法在隐藏右和上边框线的同时，隐藏左边线。

7. with sns.axed_style("darkgrid")：

此背景风格设置只对冒号后对应缩进内画的图有效，其他区域不变。

8. sns.color_palette()

调色板，画图时可以从它的对象中取颜色，不传参的话会取 6 个默认的颜色循环：deep、muted、pastel、bright、dark、colorblind，如图 6-20 所示。

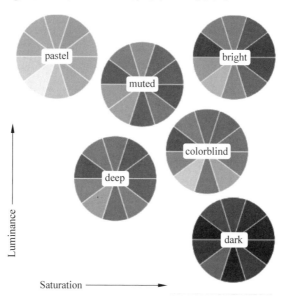

图 6-20　6 个默认颜色

9. sns.palplot(sns.color_palette("hls"，8))

当有 6 个以上的分类要区分时，在 hls 颜色空间中均匀地取 8 种颜色放入调色盘，如图 6-21 所示。

图 6-21　调色盘

10. sns.boxplot(data = data，palette = sns.color_palette("hls"，8)

用调色盘画箱线图，如图 6-22 所示。

11. sns.hls_palette(8，l = .7，s = .9)

用 hls_palette() 函数可以在从 hls 颜色空间取颜色时，控制颜色的亮度和饱和度。

l：亮度(lightness)。

s：饱和度(saturation)。

12. sns.color_palette("Paired"，10)

取 10 个，即 5 对颜色，都是深浅对应的。

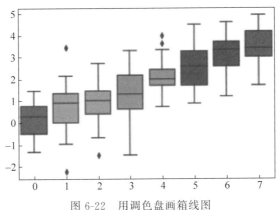

图 6-22 用调色盘画箱线图

13. sns.xkcd_rgb["pale red"，lw=3]

使用 xkcd 可以通过颜色名调用颜色，不过这个需要知道颜色名与颜色的对应关系。

14. sns.color_palette("Blues"，8)

取颜色由浅到深渐变的 8 种蓝色。

15. sns.color_palette("Blues_r"，8)

要取颜色由深到浅的颜色时，只需要在颜色名后面加上_r 即可。

16. sns.color_palette("cubehelix"，8)

取颜色由深到浅线性变换的 8 个颜色（不同的颜色）。

17. sns.cubehelix_palette(8，start=.5，rot=−.75)

根据 start 和 rot 不同的值，可以得到不同的颜色。

18. sns.light_palette("green")

调用系统定义好的由浅到深的连续渐变调色板。

19. sns.dark_palette("green")

调用系统定义好的由深到浅的连续渐变调色板。

20. sns.distplot(x，bins=20，kde=False，fit=stats.gamma)

以 ndarray 类型的 x 作为数据，画柱形图，查看单变量数据分布情况，bins 是将 X 轴上的值分成 20 段，画图时统计每一段的值出现的次数，fit 会画出数据走势线。

21. sns.jointplot(x="x"，y="y"，data=df)

画出反映两个变量之间关系的散点图，以及各自的柱形图。

22. sns.jointplot(x=x，y=y，kind="hex"，color="k")

当数据量很大时，可以调整 kind 参数为 "hex"，会用颜色深浅来表示数据分布密度，以此达到观测效果。

23. sns.pairplot(sns.load_dataset("iris"))

当有多个变量时，可以用 pairplot()画出各个变量两两关系的散点图及各自的柱形图。

24. sns.regplot(x=ColumnName1，y=ColumnName2，data=DataFrame1)

sns.lmplot(x=ColumnName1, y=ColumnName2, data=DataFrame1)

regplot()和 lmplot()都可以绘制线性回归图，lmplot()比 regplot()更灵活的同时也更复杂。

25. sns.heatmap(data，vmin = None，vmax = None，cmap = None，center = None，robust = False，annot = None，fmt = '.2g'，annotkws = None，linewidths = 0，linecolor = 'white'，cbar = True，cbarkws = None，cbar_ax = None，square = False，ax = None，xticklabels = True，yticklabels = True，mask = None， ** kwargs)

绘制热力图，其中 cmap 的参数举例如下：GnBu(绿到蓝)、GnBu_r、Greens、Greens_r、Greys、Greys_r、OrRd(橘色到红色)、OrRd_r、Oranges、Oranges_r、Wistia(蓝绿黄)、Wistia_r、YlGn、YlGnBu、YlGnBu_r、YlGn_r、YlOrBr、YlOrBr_r、YlOrRd(红橙黄)、YlOrRd_r、afmhot、afmhot_r、autumn、coolwarm(蓝到红)、hot、hot_r(红黄)、spring_r 和 summer(黄到绿)。

6.6.2　Seaborn 绘制的图

Seaborn 一共可以绘制 5 个大类 21 种图。

1. Relational plots 关系类图

(1) relplot()：绘制关系类图表的接口，其实是下面两种图的集成，通过指定 kind 参数可以画出下面的两种图。

(2) scatterplot()：绘制散点图。

(3) lineplot()：绘制折线图。

2. Categorical plots 分类图

(1) catplot()：绘制分类图表的接口，其实是下面 8 种图的集成，通过指定 kind 参数可以画出下面的 8 种图。

(2) stripplot()：绘制分类散点图。

(3) swarmplot()：绘制能够显示分布密度的分类散点图。

(4) boxplot()：绘制箱图。

(5) violinplot()：绘制小提琴图。

(6) boxenplot()：绘制增强箱图。

(7) pointplot()：绘制点图。

(8) barplot()：绘制条形图。

(9) countplot()：绘制计数图。

3. Distribution plot 分布图

(1) jointplot()：绘制双变量关系图。

(2) pairplot()：绘制变量关系组图。

(3) distplot()：绘制直方图、质量估计图。

(4) kdeplot()：绘制核函数密度估计图。

(5) rugplot()：将数组中的数据点绘制为轴上的数据。

4. Regression plots 回归图

(1) lmplot()：绘制回归模型图。

(2) regplot()：绘制线性回归图。

(3) residplot()：绘制线性回归残差图。

5. Matrix plots 矩阵图

（1）heatmap()：绘制热力图。

（2）clustermap()：绘制聚集图。

6.6.3 Seaborn 用法示例

下面举例说明 Seaborn 的用法，首先保证 seaborn-data 目录中有自带的数据集。

1. 直方图

这个图形的作用就是输入一个单变量数据，它会显示这个数据集中数据的分布情况，并且可以自定义划分若干区间。

```
seaborn.distplot(a, bins = None, hist = True, kde = True, rug = False, fit = None,
hist_kws = None, kde_kws = None, rug_kws = None, fit_kws = None, color = None,
vertical = False, norm_hist = False, axlabel = None, label = None, ax = None)
```

参数说明如下：

a：数据来源。

bins：矩形图数量。

hist：是否显示直方图。

kde：是否显示核函数估计图。

rug：控制是否显示观测实例竖线。

fit：控制拟合的参数分布图形。

vertical：显示正交控制。

例如：

```
tips = sns.load_dataset('tips')    # 导入小费数据集
sns.set()
sns.distplot(tips.total_bill, bins = 20)
```

结果如 6-23 所示。本例中，数据集采用库自带的小费数据集 tips。

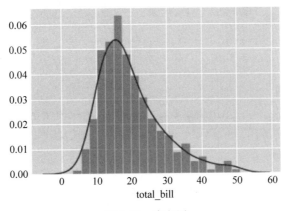

图 6-23　直方图

小费数据集 tips 是一个餐厅服务员收集的小费数据集，包含 7 个变量：总账单（total_bill）、小费（tip）、顾客性别（sex）、是否吸烟（smoker）、日期（day）、就餐时间（time）和顾客人数（size）。

2. 分类柱形图

这里要输入两个变量值 x、y，x 作为柱形图的横轴，y 作为柱形图的高度，如图 6-24、图 6-25 所示。

```
sns.barplot(x = 'day',y = 'tip',data = tips)
```

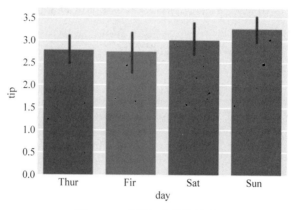

图 6-24　日期与小费的关系

```
sns.barplot(x = 'day',y = 'tip',data = tips,hue = 'sex',palette = 'autumn')
```

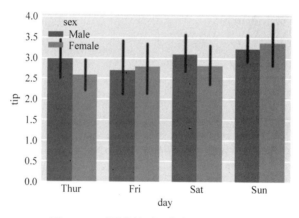

图 6-25　不同的性别日期与小费的关系

3. 散点图和曲线图

sns.replot(kind＝"scatter")相当于 scatterplot()，用来绘制散点图。

sns.replot(kind＝"line")相当于 lineplot()，用来绘制曲线图。

replot()常用参数如下。

x：x 轴。

y：y 轴。

hue：在某一维度上，用颜色区分。

style：在某一维度上，用线的不同表现形式区分，如点线，虚线等。

size：控制数据点大小或者线条粗细。

col：列上的子图。

row：行上的子图。

kind：当 kind='scatter'时为默认值；当 kind='line'时，可以通过参数 ci（confidence interval），来控制阴影部分，例如，ci='sd'，一个 x 有多个 y 值。

也可以关闭数据聚合功能，设置 estimator=None 即可。

data：数据集。

例如：

```
sns.relplot(x = 'total_bill', y = 'tip', col = 'time', hue = 'sex', style = 'smoker', size = 'size', data = tips)
```

结果如图 6-26 所示。其中，顾客人数（size）决定每个点的大小；就餐时间（time）将数据集拆分为不同的轴域 col；顾客性别（sex）决定点的颜色 hue；是否吸烟（smoker）决定点的形状。

绘图时只需要提供数据集和每个属性在图中扮演的角色。与直接使用 Matplotlib 不同的是，不需要指定可视化参数（如每个类别特定的颜色或 marker），整个过程由 Seaborn 自动完成。

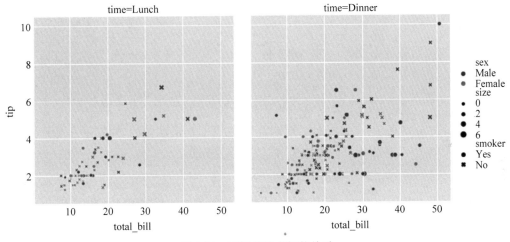

图 6-26　不同属性之间的关系

从图 6-26 中看出，晚餐的消费笔数明显多于午餐，男性的付费人数多于女性，晚餐的大额消费付款者都是男性，午餐的大额消费笔数小于晚餐。

4．热力图

航班热力图如图 6-27 所示。

```
flight = sns.load_dataset('flights')          # 读取航班数据集
fly = flight.pivot('month', 'year', 'passengers')   # 转换为长格式
plt.figure(figsize = (8,6))                    # 设置窗口大小
sns.heatmap(fly, annot = True, fmt = 'd', linewidth = 1)
```

其中，annot=True 表示在单元格中写入数据值；fmt='d'表示数据显示为整数（默认是科学记数法）；linewidth=1 表示划分单元格的行宽。

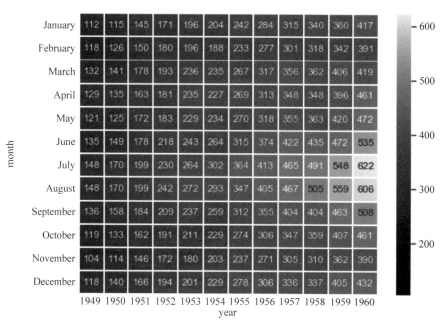

图 6-27　航班热力图

5. 箱线图

使用箱线图，数据的中位数、尾长、异常值、分布区间、正常值的分布是集中还是分散等信息一目了然，非常适合比较不同类的数据。

```python
sns.boxplot(x = "day", y = "tip", data = tips,palette = 'Set3')
```

箱线图如图 6-28 所示。可以看出，周六异常高的小费是最多的，周四的小费中位数是最低的，周五的小费正常值分布最为集中，周日则最为分散。

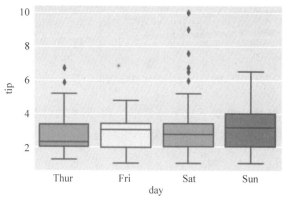

图 6-28　箱线图

下面加入性别因素，如图 6-29 所示。

```python
sns.boxplot(x = "day", y = "tip", data = tips,hue = 'sex',palette = 'Set2')
```

可以看出，女性消费者的小费较为集中，周六的异常值小费主要来自男性消费者。

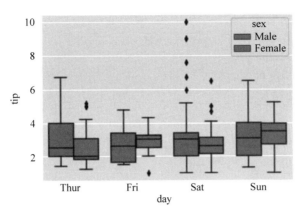

图 6-29　加入性别的箱线图

6.7　Pandas 中的绘图函数

1. 线形图

1) Series

```
s = Series(np.random.randn(10).cumsum(), index = np.arange(0,100,10))
s.plot()
```

输出结果如 6-30 所示。

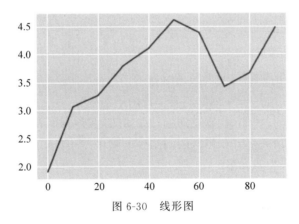

图 6-30　线形图

Series.plot()方法的参数说明如下。

label：用于图例上的标签。

ax：要在其上进行绘制的 Matplotlib 子图对象。如果没有设置，则使用当前 Matplotlib 子图。

style：将要传给 Matplotlib 的风格字符串（如 'ko--'）。

alpha：图表的填充不透明度（数值为 0~1）。

kind：可以是 'line'、'bar'、'barh'、'kde'。

logy：在 y 轴上使用对数标尺。

user_index：将对象的索引用作刻度标签。

rot：旋转刻度标签（数值为 $0 \sim 360$）。

xticks：用作 x 轴刻度的值。

yticks：用作 y 轴刻度的值。

xlim：x 轴的界限（例如 [0,10]）。

ylim：y 轴的界限。

grid：显示轴网格线（默认打开）。

2）DataFrame

```
df = DataFrame(np.random.randn(10,4).cumsum(0),columns = ['A','B','C','D'],
index = np.arange(0,100,10))
df.plot()
```

输出结果如图 6-31 所示。

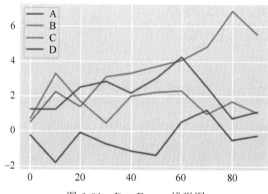

图 6-31　DataFrame 线形图

专用于 DataFrame 的 plot()的参数说明如下。

subplots：将各个 DataFrame 列绘制到单独的子图中。

sharex：如果 subplots=True，则共用同一个 x 轴，包括刻度和界限。

sharey：如果 subplots=True，则共用同一个 y 轴。

figsize：表示图像大小的元组。

title：表示图像标题的字符串。

legend：添加一个子图图例（默认为 True）。

sort_columns：以字母表顺序绘制各列，默认使用当前列顺序。

2. 柱状图

1）Series

```
fig,axes = plt.subplots(2,1)
data = Series(np.random.randn(16),index = list('abcdefghijklmnop'))
data = data[data > 0]
data.plot(kind = 'bar',ax = axes[0],color = 'k',alpha = 0.7)
data.plot(kind = 'barh',ax = axes[1],color = 'k',alpha = 0.7)
```

输出结果如图 6-32 所示。

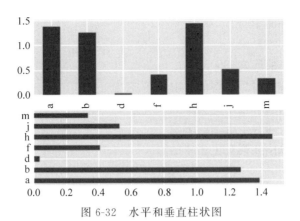

图 6-32　水平和垂直柱状图

2）DataFrame

```
df = DataFrame(np.random.rand(6,4),
index = ['one','two','three','four','five','six'],
columns = pd.Index(['A','B','C','D'],name = 'Genus'))
df.plot(kind = 'bar')
df.plot(kind = 'barh',stacked = True,alpha = 0.5)
```

输出结果如图 6-33 所示。

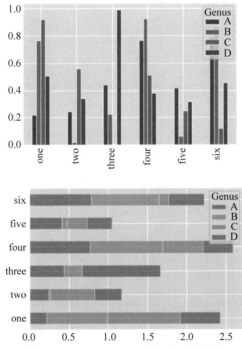

图 6-33　DataFrame 水平和垂直柱状图

习　　题

对泰坦尼克号数据进行数据可视化分析，找到生还率的影响因素。

（1）性别对生还率的影响。

（2）年龄对生还率的影响。

（3）舱位对生还率的影响。

（4）年龄和性别共同对生还率的影响。

（5）年龄和舱位共同对生还率的影响。

（6）性别和舱位共同对生还率的影响。

（7）年龄、性别、舱位共同对生还率的影响。

第7章
线性回归、岭回归、Lasso回归

7.1 原理

7.1.1 普通线性回归

回归就是会对连续型的数据做出预测。假设要估算房价,知道建筑面积、房子的年代、这个地方的犯罪率等,这些因素中有一些将会对房价产生积极的影响。例如,面积越大,价格越高。另外,犯罪率等因素会对房价产生负面影响。如果知道一定数量的样本数据,通过这些数据找各个因素的权重系数的过程就是线性回归。应当怎样从一大堆数据里求出回归方程对房价进行预测呢?

下面以回归模型为例,模型的一般形式为:

$$y = \beta_0 + \beta_1 x_1 + \beta_2 x_2 + \cdots + \beta_p x_p + \varepsilon \tag{7.1}$$

其中,β 代表模型中的回归系数。当 $p=1$ 时,式(7.1)为一元线性回归模型,$p \geqslant 2$ 时,式(7.1)就是多元线性回归模型。现有数据为 $(x_{i1}, x_{i2}, \cdots, x_{ip}, y_i)$,其中 $i=1,2,3,\cdots,n$。

则可以写成如下方程形式:

$$\begin{cases} y_1 = \beta_0 + \beta_1 x_{11} + \beta_2 x_{12} + \cdots + \beta_p x_{1p} + \varepsilon_1 \\ y_2 = \beta_0 + \beta_1 x_{21} + \beta_2 x_{22} + \cdots + \beta_p x_{2p} + \varepsilon_2 \\ \cdots \\ y_n = \beta_0 + \beta_1 x_{n1} + \beta_2 x_{n2} + \cdots + \beta_p x_{np} + \varepsilon_n \end{cases} \tag{7.2}$$

可以假设

$$\boldsymbol{Y} = \begin{bmatrix} y_1 \\ y_2 \\ \vdots \\ y_n \end{bmatrix} \quad \boldsymbol{\beta} = \begin{bmatrix} \beta_0 \\ \beta_1 \\ \vdots \\ \beta_p \end{bmatrix} \quad \boldsymbol{\varepsilon} = \begin{bmatrix} \varepsilon_1 \\ \varepsilon_2 \\ \vdots \\ \varepsilon_n \end{bmatrix}$$

$$\boldsymbol{X} = \begin{bmatrix} 1 & x_{11} & x_{12} & \vdots & x_{1p} \\ 1 & x_{21} & x_{22} & \vdots & x_{2p} \\ \vdots & \vdots & \vdots & \vdots & \vdots \\ 1 & x_{n1} & x_{n2} & \vdots & x_{np} \end{bmatrix}$$

则方程可以写成矩阵形式:

$$\boldsymbol{Y} = \boldsymbol{X}\boldsymbol{\beta} + \boldsymbol{\varepsilon} \tag{7.3}$$

一个常用的方法就是找出使误差最小的$\boldsymbol{\beta}$。这里的误差是指预测值和真实值之间的差值，使用该误差的简单累加将使正差值和负差值相互抵消，所以采用平方误差。

平方误差可以写作：

$$J(\boldsymbol{\beta}) = \sum \boldsymbol{\varepsilon}^2 = \sum (\boldsymbol{Y} - \boldsymbol{X}\boldsymbol{\beta})^2 \tag{7.4}$$

根据最小二乘法，求它的最小值，只要该平方误差对$\boldsymbol{\beta}$求偏导，令其为0，即可求得系数$\boldsymbol{\beta}$。

$$\frac{\partial J(\boldsymbol{\beta})}{\partial \boldsymbol{\beta}} = \frac{\partial (\boldsymbol{Y} - \boldsymbol{X}\boldsymbol{\beta})^\mathrm{T}(\boldsymbol{Y} - \boldsymbol{X}\boldsymbol{\beta})}{\partial \boldsymbol{\beta}} \tag{7.5}$$

因为$(\boldsymbol{A} - \boldsymbol{B})^\mathrm{T} = \boldsymbol{A}^\mathrm{T} - \boldsymbol{B}^\mathrm{T}$，$(\boldsymbol{A}\boldsymbol{B})^\mathrm{T} = \boldsymbol{B}^\mathrm{T} \times \boldsymbol{A}^\mathrm{T}$

$$\frac{\partial J(\boldsymbol{\beta})}{\partial \boldsymbol{\beta}} = \frac{\partial (\boldsymbol{Y}^\mathrm{T}\boldsymbol{Y} - \boldsymbol{\beta}^\mathrm{T}\boldsymbol{X}^\mathrm{T}\boldsymbol{Y} - \boldsymbol{Y}^\mathrm{T}\boldsymbol{X}\boldsymbol{\beta} + \boldsymbol{\beta}^\mathrm{T}\boldsymbol{X}^\mathrm{T}\boldsymbol{X}\boldsymbol{\beta})}{\partial \boldsymbol{\beta}} \tag{7.6}$$

矩阵求导中，a为常数，有如下规则：

$$\frac{\partial a}{\partial \boldsymbol{A}} = 0, \quad \frac{\partial \boldsymbol{A}^\mathrm{T}\boldsymbol{B}\boldsymbol{C}}{\partial \boldsymbol{A}} = \boldsymbol{B}^\mathrm{T}\boldsymbol{C}, \quad \frac{\partial \boldsymbol{C}^\mathrm{T}\boldsymbol{B}\boldsymbol{A}}{\partial \boldsymbol{A}} = \boldsymbol{B}^\mathrm{T}\boldsymbol{C}, \quad \frac{\partial \boldsymbol{A}^\mathrm{T}\boldsymbol{B}\boldsymbol{A}}{\partial \boldsymbol{A}} = (\boldsymbol{B} + \boldsymbol{B}^\mathrm{T})\boldsymbol{A} \tag{7.7}$$

继续求导：

$$\frac{\partial J(\boldsymbol{\beta})}{\partial \boldsymbol{\beta}} = 0 - \boldsymbol{X}^\mathrm{T}\boldsymbol{Y} - \boldsymbol{X}^\mathrm{T}\boldsymbol{Y} + 2\boldsymbol{X}^\mathrm{T}\boldsymbol{X}\boldsymbol{\beta} = 2\boldsymbol{X}^\mathrm{T}\boldsymbol{X}\boldsymbol{\beta} - 2\boldsymbol{X}^\mathrm{T}\boldsymbol{Y} \tag{7.8}$$

令求导后的一阶导数为0，求得系数$\boldsymbol{\beta}$。

$$2\boldsymbol{X}^\mathrm{T}\boldsymbol{X}\boldsymbol{\beta} - 2\boldsymbol{X}^\mathrm{T}\boldsymbol{Y} = 0 \Rightarrow \boldsymbol{X}^\mathrm{T}\boldsymbol{X}\boldsymbol{\beta} = \boldsymbol{X}^\mathrm{T}\boldsymbol{Y} \tag{7.9}$$

左乘一个$(\boldsymbol{X}^\mathrm{T}\boldsymbol{X})^{-1}$，则有：

$$\boldsymbol{\beta} = (\boldsymbol{X}^\mathrm{T}\boldsymbol{X})^{-1}\boldsymbol{X}^\mathrm{T}\boldsymbol{Y} \tag{7.10}$$

Scikit-learn 提供了最小二乘法线性回归方法，其格式如下：

```
sklearn.linear_model.LinearRegression(fit_intercept = True, normalize = False, copy_X = True, n_jobs = 1)
```

参数说明如下。

fit_intercept：boolean、optional、default True。是否计算截距，默认为计算。如果使用中心化的数据，可以考虑设置为 False，不考虑截距。注意，这里是考虑，一般还是要考虑截距的。

normalize：boolean、optional、default False。标准化开关，默认关闭。该参数在 fit_intercept 设置为 False 时自动忽略。如果为 True，回归会标准化输入参数：$(\boldsymbol{X} - \boldsymbol{X}$ 的均值$)/ \parallel \boldsymbol{X} \parallel$。当然，在这里还是建议将标准化的工作放在训练模型之前。若为 False，在训练模型前，可使用 sklearn.preprocessing.StandardScaler 进行标准化处理。

copy_X：boolean、optional、default True。默认为 True，否则 X 会被改写。

n_jobs：int、optional、default 1int。默认为 1，为−1 时默认使用全部 CPU。

属性说明如下。

coef_：array、shape(n_features,)或(n_targets, n_features)。回归系数（斜率）。

intercept_：截距。

方法说明如下。

(1) fit(X,y,sample_weight＝None)。

X：array[n_samples，n_features]。

y：array [n_samples，n_targets]。

sample_weight：array [n_samples]，每条测试数据的权重，同样以矩阵方式传入(在版本0.17后添加了sample_weight)。

（2）predict(x)：预测方法，将返回值y_pred。

（3）get_params(deep＝True)：返回对regressor的设置值。

（4）score(X,y,sample_weight＝None)：评分函数，将返回一个小于1的得分，可能会小于0。

7.1.2　岭回归

缩减系数来"理解"数据：如果数据的特征比样本点还多应该怎么办？是否还可以使用线性回归和之前的方法来做预测？

答案是否定的，即不能再使用前面介绍的方法。这是因为输入数据的矩阵 X 不是满秩矩阵。非满秩矩阵在求逆时会出现问题。

为了解决这个问题，统计学家引入了岭回归(Ridge Regression)的概念。

缩减法可以去掉不重要的参数，因此能更好地理解数据。此外，与简单的线性回归相比，缩减法能取得更好的预测效果。

岭回归是加了二阶正则项的最小二乘法，主要适用于过拟合严重或各变量之间存在多重共线性时。岭回归是有偏差的，这里的偏差是为了让方差更小。可以理解为在线性回归的损失函数的基础上，加入一个L2正则项限制 β 不要过大。其中 $\lambda>0$，通过确定 λ 的值可以使得模型在偏差和方差之间达到平衡，随着 λ 的增大，模型的方差减小，偏差增大。即 λ 越大，为了使 $J(\beta)$ 最小，回归系数 β 就越小。

$$J(\beta)=\sum(Y-X\beta)^2+\lambda\parallel\beta\parallel_2^2=\sum(Y-X\beta)^2+\sum\lambda\beta^2 \tag{7.11}$$

$$\frac{\partial J(\beta)}{\partial\beta}=0-X^{\mathrm{T}}Y-X^{\mathrm{T}}Y+2X^{\mathrm{T}}X\beta+2\lambda\beta \tag{7.12}$$

令求导后的一阶导数为0，求得系数 β。

$$\beta=(X^{\mathrm{T}}X+\lambda I)^{-1}X^{\mathrm{T}}Y \tag{7.13}$$

逆矩阵的计算公式为：

$$A^{-1}=\frac{1}{|A|}A^* \tag{7.14}$$

X 代表数据，如果数据的特征大于样本点，那么这个矩阵 X 则是奇异矩阵(矩阵的模 $|X|$ 为0)，即表示该矩阵不可逆，所以 $X^{\mathrm{T}}X$ 这个求解的矩阵也会存在不可逆的情况，此时添加了一个 λI，可以避免不可逆现象的出现。

L2范数惩罚项的加入使得 $X^{\mathrm{T}}X+\lambda I$ 满秩，保证了可逆，但是也由于惩罚项的加入，使得回归系数 β 的估计不再是无偏估计。所以岭回归是以放弃无偏性、降低精度为代价解决病态矩阵问题的回归方法。

单位矩阵 I 的对角线上全是1，像一条山岭一样，这也是岭回归名称的由来。

下面如何选择 λ 值，使得各回归系数的岭估计基本稳定，并且残差平方和增大不太多呢？这其实是一个模型选择的问题。在模型选择中，最简单的模型选择方法就是交叉验证

（Cross-Validation），将交叉验证内置在岭回归中，就免去了 λ 的人工选择，其具体实现方式如下：

```
import numpy as np
import matplotlib.pyplot as plt
from sklearn import linear_model
# 这里设计矩阵 X 是一个希尔伯特矩阵
# 其元素 A(i,j) = 1/(i + j -1),i 和 j 分别为其行标和列标
# 希尔伯特矩阵是一种数学变换矩阵,正定
# 即任何一个元素发生一点变动,整个矩阵的行列式的值和逆矩阵都会发生巨大变化
# 这里设计矩阵是一个 10×5 的矩阵,有 10 个样本,5 个变量
X = 1. / (np.arange(1, 6) + np.arange(0, 10)[:, np.newaxis])
y = np.ones(10)
print ('设计矩阵为:')
print (X)
# 初始化一个 Ridge Cross - Validation Regression
clf = linear_model.RidgeCV(fit_intercept = False)
# 训练模型
clf.fit(X, y)
print ('lambda 的数值: ', clf.alpha_)
print ('参数的数值:', clf.coef_)
```

其输出结果如下：

```
[[1.          0.5          0.33333333  0.25        0.2        ]
 [0.5         0.33333333  0.25        0.2         0.16666667]
 [0.33333333  0.25        0.2         0.16666667  0.14285714]
 [0.25        0.2         0.16666667  0.14285714  0.125      ]
 [0.2         0.16666667  0.14285714  0.125       0.11111111]
 [0.16666667  0.14285714  0.125       0.11111111  0.1        ]
 [0.14285714  0.125       0.11111111  0.1         0.09090909]
 [0.125       0.11111111  0.1         0.09090909  0.08333333]
 [0.11111111  0.1         0.09090909  0.08333333  0.07692308]
 [0.1         0.09090909  0.08333333  0.07692308  0.07142857]]
lambda 的数值: 0.1
参数的数值:[- 0.43816548  1.19229228  1.54118834  1.60855632  1.58565451]
```

从结果中可以看出，λ 为 0.1。

通过 Scikit-learn 提供的方法可以很方便地使用岭回归。其格式如下：

```
sklearn.linear_model.Ridge(alpha = 1.0, fit_intercept = True, normalize = False, copy_X = True,
max_iter = None, tol = 0.001, solver = 'auto', random_state = None)
```

参数说明如下。

alpha：正则化强度，默认为 1.0，对应公式中的 λ。正则化强度必须是正浮点数。正则化改善了问题的条件并减少了估计的方差。较大的值指定较强的正则化。

fit_intercept：默认为 True，计算截距项。如果设置为 False，则不会在计算中使用截距（例如，数据预期已经居中）。

normalize：默认为 False，不针对数据进行标准化处理。如果为真，则回归 X 将在回归之前被归一化。当 fit_intercept 设置为 False 时，将忽略此参数。当回归量归一化时，注意

到这使得超参数学习更加健壮,并且几乎不依赖于样本的数量。相同的属性对标准化数据无效。然而,如果想标准化,在调用 normalize＝False 训练估计器之前,使用 preprocessing. StandardScaler 处理数据。

copy_X:默认为 True,即使用数据的副本进行操作,防止影响原数据。

max_iter:最大迭代次数,即共轭梯度求解器的最大迭代次数,默认为 None。对于 'sparse_cg'和'lsqr'求解器,默认值由 scipy. sparse. linalg 确定。对于'sag'求解器,默认值为 1000。

tol:数据计算精度。

solver:根据数据类型自动选择求解器。求解器的类型为 auto、svd、cholesky、lsqr、sparse_cg 和 sag。

random_state:随机数发生器。

RidgeCV()函数会返回一个 clf 类,里面有很多的函数,一般用到的有如下几个。

clf. fit(X,y):输入训练样本数据 X 和对应的标记 y。

clf. predict(X):利用学习好的线性分类器预测标记,一般在 fit()之后调用。

clf. corf_:输入回归表示系数。

总结如下:

(1) 岭回归可以解决特征数量比样本量多的问题。

(2) 岭回归作为一种缩减算法可以判断哪些特征重要或者不重要,有点类似于降维的效果。

(3) 缩减算法可以看作是对一个模型增加偏差的同时减少方差。

岭回归用于处理下面两类问题。

(1) 数据点少于变量个数。

(2) 变量间存在共线性(最小二乘回归得到的系数不稳定,方差很大)。

7.1.3　Lasso 回归

$$J(\boldsymbol{\beta}) = \sum (\boldsymbol{Y} - \boldsymbol{X}\boldsymbol{\beta})^2 + \lambda \parallel \boldsymbol{\beta} \parallel_1 = \sum (\boldsymbol{Y} - \boldsymbol{X}\boldsymbol{\beta})^2 + \sum \lambda |\boldsymbol{\beta}| \qquad (7.15)$$

Lasso 回归和岭回归类似,不同的是,Lasso 可以理解为在线性回归基础上加入一个 L1 正则项,同样来限制 $\boldsymbol{\beta}$ 不要过大。其中 $\lambda > 0$,通过确定 λ 的值可以使得模型在偏差和方差之间达到平衡,随着 λ 的增大,模型的方差减小,偏差增大。

对于参数 $\boldsymbol{\beta}$ 增加一个限定条件,能到达和岭回归一样的效果:在 λ 足够小时,一些系数会因此被迫缩减到 0。

通过 Scikit-learn 提供的方法可以很方便地使用 Lasso 回归。其格式如下:

```
sklearn. linear_model. lasso(alpha = 1.0, fit_intercept = True, normalize = False, precompute =
False, copy_X = True, max_iter = 1000, tol = 0.0001, warm_start = False, positive = False,
random_state = None, selection = 'cyclic')
```

alpha:正则化强度,默认为 1.0。

fit_intercept:默认为 True,计算截距项。

normalize:默认为 False,不针对数据进行标准化处理。

precompute：是否使用预先计算的 Gram 矩阵来加速计算。

copy_X：默认为 True，即使用数据的副本进行操作，防止影响原数据。

max_iter：最大迭代次数，默认为 1000。

tol：数据计算精度。

warm_start：重用先前调用的解决方案以适合初始化。

positive：强制系数为正值。

random_state：随机数发生器。

selection：每次迭代都会更新一个随机系数。

视频讲解

7.2 应用举例

【**例 7-1**】 下面使用三种回归模型预测波士顿房价。

1. 导入模块

```python
import numpy as np
import pandas as pd
import matplotlib.pyplot as plt
from pandas import Series,DataFrame
# 机器学习的普通线性模型、岭回归模型、Lasso 模型
from sklearn.linear_model import LinearRegression,Ridge,lasso
# 模型效果评估
from sklearn.metrics import r2_score
# 导入机器学习相关的数据集
import sklearn.datasets as datasets
% matplotlib inline
```

2. 获取训练数据

```python
# 从 datasets 模块中导入波士顿房价数据
boston = datasets.load_boston()
data = boston.data
target = boston.target
# 训练数据
X_train = data[:480]
Y_train = target[:480]
# 测试数据
x_test = data[480:]
y_true = target[480:]
```

3. 确定机器学习模型

```python
line = LinearRegression()                        # 线性回归
ridge = Ridge(alpha = 0.01)                      # 岭回归
lasso = lasso(alpha = 0.01,max_iter = 10000)     # Lasso 回归
```

4. 训练数据

```python
line.fit(X_train,Y_train)
ridge.fit(X_train,Y_train)
```

```
lasso.fit(X_train, Y_train)
```

5. 预测数据

```
line_y_pre = line.predict(x_test)
ridge_y_pre = ridge.predict(x_test)
lasso_y_pre = lasso.predict(x_test)
```

6. 绘制图像

```
plt.plot(y_true, label = 'True')
plt.plot(line_y_pre, label = 'Line')
plt.plot(ridge_y_pre, label = 'Ridge')
plt.plot(lasso_y_pre, label = 'lasso')
plt.legend()
```

输出结果如图 7-1 所示。

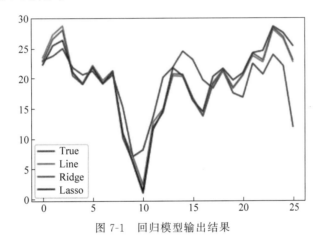

图 7-1 回归模型输出结果

7. 比较各个模型准确度评分，模型越好：r2→1；模型越差：r2→0

```
line_score = r2_score(y_true, line_y_pre)
ridge_score = r2_score(y_true, ridge_y_pre)
lasso_score = r2_score(y_true, lasso_y_pre)
print(line_score, ridge_score, lasso_score)
```

结果：

```
0.30966337299064484   0.3090485582958469   0.28827924357580503
```

习　　题

补全语句使用三种模型对 Scikit-learn 自带的糖尿病数据进行回归，画出回归图像，并比较多种回归方法的效果。

（1）导入相关模块。

```
import numpy as np
```

```python
import pandas as pd
from pandas import Series,DataFrame
# 普通线性回归
from sklearn.linear_model import LinearRegression
# 用于与机器学习相关的数据集
import sklearn.datasets as datasets
```

（2）获取训练数据。

```python
# 从 datasets 模块中导入数据
diabetes = datasets.load_diabetes()
data = diabetes.data
target = diabetes.target
# 用于训练的数据
X_train = data[0:400]
Y_train = target[0:400]
# 用于测试的数据
x_test = data[400:]
y_true = target[400:]
```

（3）确定学习模型。

```python
# 创建普通线性回归模型
line = LinearRegression()
```

（4）训练数据。

```python
# 将训练数据输入学习模型中进行训练
line.fit(X_train,Y_train)
```

（5）预测结果。

```python
# 将测试数据输入模型,获得预测结果
y_pre = line.predict(x_test)
```

（6）效果评估。

```python
# 导入评估所需的模块
from sklearn.metrics import r2_score
r2_score(y_true,y_pre)
```

（7）绘制图形。

```python
# 导入绘图模块
import matplotlib.pyplot as plt
%matplotlib inline
plt.plot(y_true,label = 'true')
plt.plot(y_pre,label = 'predict')
plt.legend()
```

输出结果如图 7-2 所示。

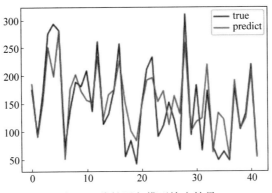

图 7-2　线性回归模型输出结果

（8）岭回归，补全语句、画图。

（9）Lasso 回归，补全语句、画图。

第 8 章

Logistic回归分类模型

8.1 原理

8.1.1 模型简介

Logistic 回归(Logistic Regression,LR)虽然名字中有回归,但模型最初是为了解决二分类问题。

线性回归模型帮助人们用最简单的线性方程实现对数据的拟合,但只实现了回归而无法进行分类。因此 LR 就是在线性回归的基础上构造的一种分类模型。

对线性模型进行分类(如二分类任务),简单地通过阶跃函数,即将线性模型的输出值套上一个函数进行分割,如图 8-1(a)所示。

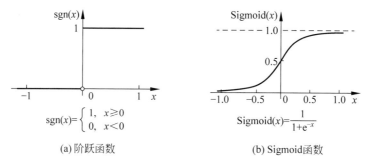

(a)阶跃函数　　　　　　　　　(b)Sigmoid函数

图 8-1　阶跃函数和 Sigmoid 函数

$$y = \begin{cases} 0, & z < 0 \\ 0.5, & z = 0 \\ 1, & z > 0 \end{cases}$$

但这样的分段函数数学性质不好,既不连续也不可微。因此有人提出了对数概率函数,如图 8-1(b)所示,简称 Sigmoid 函数。

$$y = \frac{1}{1 + e^{-x}} \tag{8.1}$$

该函数具有很好的数学性质,可以用于预测类别,并且任意阶可微,因此可用于求解最优解。将函数代进去,可得 LR 模型为

$$\boldsymbol{y} = \frac{1}{1 + e^{-(\boldsymbol{\omega}^{\mathrm{T}} \boldsymbol{x} + \boldsymbol{b})}} \tag{8.2}$$

这样就把线性回归表达式的实值输出结果压缩成了一个$0\sim1$的小数。但这样还是没有实现分类的效果,需要加一个"门槛",若输出值大于这个门槛,那么就将其结果判断为1,反之判断为0,一般这个"门槛"都是0.5。

从这里就可以看出,Logistic回归的输出是有概率意味的,它的输出结果表达的是当前测试样本属于1类别的概率。

式(8.2)可以解读为,用线性回归模型的预测结果去逼近真实标记的对数概率,因此,也叫对数概率回归模型。

将式(8.2)做变化如下:

$$\ln \frac{y}{1-y} = \boldsymbol{\omega}^{\mathrm{T}} \boldsymbol{x} + \boldsymbol{b} \tag{8.3}$$

若将y视为样本x作为正例的可能性,则$1-y$是其反例可能性,两者的比值称为概率,反映了x作为正例的相对可能性。

Logistic回归方法有许多优点,它是直接对分类可能性进行建模,无须事先假设数据分布,这样就避免了假设分布不准确所带来的问题(和朴素贝叶斯相比);它不仅预测出类别,而且可以得到近似概率预测,这对于许多需要利用概率辅助决策的任务很有用;此外,Sigmoid函数是任意阶可导函数,具有很好的数学性质,有许多数值优化算法可以用于求最优解。

8.1.2 ROC曲线和AUC

ROC曲线是Receiver Operating Characteristic Curve的简称,源于军事领域,在医学领域应用甚广,中文名叫"受试者工作特征曲线",在机器学习中用来衡量二值分类器的性能。

ROC曲线横轴为假阳性率,计算方法为$FPR=FP/N$(假阳性个数/真实的负样本个数),纵轴为真阳性率,计算方法为$TPR=TP/P$(真阳性个数/真实的正样本个数),可以用来帮助二分类器确定合适的截断点(阈值)。

以一个例子进行说明:假设有10位患者,其中3位患癌症($P=3$),另外7人未患癌症($N=7$);医院诊断结果为3人患癌症,7人健康,但其中两个人诊断正确($TP=2$),有一个健康人被误诊为癌症($FP=1$);故真阳性率$=2/3$,假阳性率为$1/7$;绘制在图像上为($1/7$,$2/3$)。

理想目标:$TPR=1$,$FPR=0$,即图中$(0,1)$点,故ROC曲线越靠拢$(0,1)$点,越偏离$45°$对角线越好。

AUC(Area under Curve):ROC曲线下的面积,介于0.1和1之间。AUC作为数值可以直观地评价分类器的好坏,值越大越好。

首先AUC值是一个概率值,当随机挑选一个正样本以及负样本时,当前的分类算法根据计算得到的Score值将这个正样本排在负样本前面的概率就是AUC值,AUC值越大,当前分类算法越有可能将正样本排在负样本前面,从而能够更好地分类。

看到这里,是不是很疑惑?根据AUC定义和计算方法,怎么和预测的正例排在负例前面的概率扯上联系呢?如果从定义和计算方法来理解AUC的含义,比较困难,实际上AUC就是从所有正样本中随机选择一个样本,从所有负样本中随机选择一个样本,然后根据学习器对两个随机样本进行预测,把正样本预测为正例的概率记为P_1,把负样本预测为

正例的概率记为 P_2，$P_1 > P_2$ 的概率就等于 AUC。所以 AUC 反映的是分类器对样本的排序能力。根据这个解释，如果完全随机地对样本分类，那么 AUC 应该接近 0.5。

另外值得注意的是，AUC 的计算方法同时考虑了学习器对于正例和负例的分类能力，在样本不平衡的情况下，依然能够对分类器做出合理的评价。AUC 对样本类别是否均衡并不敏感，这也是不均衡样本通常用 AUC 评价学习器性能的一个原因。例如，在癌症预测的场景中，假设没有患癌症的样本为正例，患癌症的样本为负例，负例占比很少（大概 0.1%），如果使用准确率评估，把所有的样本预测为正例便可以获得 99.9% 的准确率。但是如果使用 AUC，把所有样本预测为正例，TPR 为 1，FPR 为 1。这种情况下学习器的 AUC 值将等于 0.5，成功规避了样本不均衡带来的问题。

8.1.3　梯度下降法

梯度下降（Gradient Descent）法的应用十分广泛，不论是在线性回归还是 Logistic 回归中，它的主要目的是通过迭代找到目标函数的最小值，或者收敛到最小值。

梯度下降法的基本思想可以类比为一个下山的过程。假设这样一个场景：一个人被困在山上，需要从山上下来（找到山的最低点，也就是山谷）。但此时山上的浓雾很大，导致可视度很低，因此，下山的路径就无法确定，必须利用自己周围的信息一步一步地找到下山的路。这个时候，便可利用梯度下降法来帮助自己下山。怎么做呢？首先以他当前所处的位置为基准，寻找这个位置最陡峭的地方，然后朝着下降方向走一步，然后又继续以当前位置为基准，再找最陡峭的地方，再走直到最后到达最低处，如图 8-2 所示。同理，上山也是如此，只是这时候就变成梯度上升法了。

图 8-2　类比梯度下降法示意图

梯度就是某一函数沿着某点处的方向导数可以以最快速度到达极大值，该方向导数定义为该函数的梯度。

$$\nabla = \frac{\mathrm{d}f(\theta)}{\mathrm{d}\theta} \tag{8.4}$$

其中，θ 是自变量，$f(\theta)$ 是关于 θ 的函数，∇ 表示梯度。要研究的梯度下降的式子可以写作：

$$\theta = \theta_0 - \eta \cdot \nabla f(\theta_0) \tag{8.5}$$

其中，η 为步长，是由 θ_0 按照式(8.5)更新后的值。

这也就说明了为什么需要千方百计地求取梯度。要到达山底，就需要在每一步观测此时最陡峭的地方，梯度就恰巧告诉了这个方向。梯度的方向是函数在给定点上升最快的方向，那么梯度的反方向就是函数在给定点下降最快的方向，这正是所需要的。所以只要沿着梯度的方向一直走，就能走到局部的最低点。

下面以单变量为例：

$$J(\theta) = \theta^2$$

求导：

$$J'(\theta) = 2\theta$$

设初始起点为$(1,1)$，设学习率为$\alpha = 0.4$，根据梯度下降法的计算公式，迭代过程如下：

$$\theta_0 = 1$$

$$\theta_1 = \theta_0 - \alpha * J'(\theta_0) = 1 - 0.4 \times 2 = 0.2$$

$$\theta_2 = \theta_1 - \alpha * J'(\theta_1) = 0.2 - 0.4 \times 0.4 = 0.04$$

$$\theta_3 = \theta_2 - \alpha * J'(\theta_2) = 0.04 - 0.4 \times 0.08 = 0.008$$

$$\theta_4 = \theta_3 - \alpha * J'(\theta_3) = 0.008 - 0.4 \times 0.016 = 0.0016$$

$$J'(\theta_4) = 0.0032 \approx 0$$

即此时基本找到最低点，如图8-3所示。

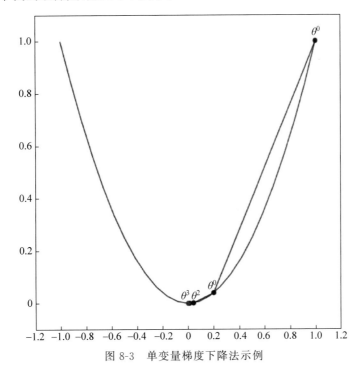

图8-3 单变量梯度下降法示例

接下来以多变量为例：

$$J(\theta) = \theta_1^2 + \theta_2^2$$

设初始起点为$(1,3)$，设学习率为$\alpha = 0.1$，则函数的梯度为：

$$\nabla J(\theta) = <2\theta_1, 2\theta_2>$$

$$\theta_0 = (1,3)$$

$$\theta_1 = \theta_0 - \alpha \nabla J(\theta_0) = (1,3) - 0.1 \times (2,6) = (0.8, 2.4)$$

$$\theta_2 = \theta_1 - \alpha \nabla J(\theta_1) = (0.8, 2.4) - 0.1 \times (1.6, 4.8) = (0.64, 1.92)$$

$$\theta_3 = \theta_2 - \alpha \nabla J(\theta_2) = (0.64, 1.92) - 0.1 \times (1.28, 3.84) = (0.512, 1.536)$$

$$\theta_4 = \theta_3 - \alpha \nabla J(\theta_3) = (0.4096, 1.2288)$$

$$\vdots$$

$$\theta_{50} = \theta_{49} - \alpha \nabla J(\theta_{49}) = (1.141\ 798\mathrm{e}^{-5}, 3.425\ 394\mathrm{e}^{-5})$$

$$\vdots$$

$$\theta_{100} = \theta_{99} - \alpha \nabla J(\theta_{99}) = (1.629\ 629\mathrm{e}^{-10}, 4.888\ 886\mathrm{e}^{-10})$$

$$\nabla J(\theta_{100}) \approx 0$$

此时，梯度比较接近 0，因此达到了（局部）最小值，如图 8-4 所示。

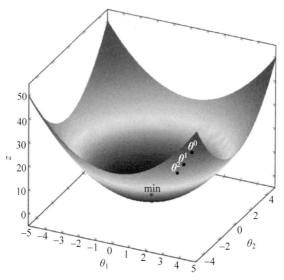

图 8-4　多变量梯度下降法示例

8.1.4　Scikit-learn 中 predict()与 predict_proba()用法区别

predict()返回的是训练后预测的结果，是标签值。

predict_proba()返回的是一个 n 行 k 列的数组，第 i 行第 j 列上的数值是模型预测第 i 个预测样本为某个标签的概率，并且每一行的概率和为 1。

例如：

```python
from sklearn.linear_model import LogisticRegression
import numpy as np
x_train = np.array([[1,2,3],[1,3,4],[2,1,2],
                    [4,5,6],[3,5,3],[1,7,2]])
y_train = np.array([3, 3, 3, 2, 2, 2])
x_test = np.array([[2,2,2],[3,2,6],[1,7,4]])
clf = LogisticRegression()
clf.fit(x_train, y_train)
# 返回预测标签
print(clf.predict(x_test))
```

结果：

```
[2 3 2]
```

```
# 返回预测属于某标签的概率
print(clf.predict_proba(x_test))
```

输出结果：

```
[[0.56651809  0.43348191]
 [0.15598162  0.84401838]
 [0.86852502  0.13147498]]
```

分析结果：

预测[2,2,2]的标签是 2 的概率为 0.566 518 09，是 3 的概率为 0.433 481 91。

预测[3,2,6]的标签是 2 的概率为 0.155 981 62，是 3 的概率为 0.844 018 38。

预测[1,7,4]的标签是 2 的概率为 0.868 525 02，是 3 的概率为 0.131 474 98。

8.2 应用举例

视频讲解

【例 8-1】 下面利用 Logistic 回归模型对 Scikit-learn 自带的手写数字数据集进行分类。

```
import numpy as np
import pandas as pd
import matplotlib.pyplot as plt
% matplotlib inline
from sklearn.linear_model import LogisticRegression # 用于分类,不能用于回归
from sklearn.datasets import load_digits
digits = load_digits()
data = digits['data']
target = digits['target']
images = digits['images']
plt.imshow(images[0],cmap = 'gray')
```

输出结果如图 8-5 所示。

Out[9]: <matplotlib.image.AxesImage at 0x1e8b49bd470>

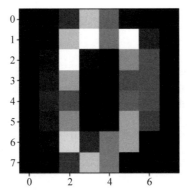

图 8-5　手写数据集输出结果

```
data.shape
```

Out[ ]:

```
(1797, 64)
logistic = LogisticRegression()
logistic.fit(data,target).score(data,target)
```

Out[ ]:

```
0.993 322 203 672 788
```

【例 8-2】 利用 Logistic 回归预测肿瘤。

数据描述如下：

（1）699 个样本，共 11 列数据，第 1 列是用于检索数据的 id，后 9 列分别是与肿瘤相关的医学特征，最后一列表示肿瘤类型的数值。

（2）包含 16 个缺失值，用"?"标出。

```
import pandas as pd
import numpy as np
from sklearn.model_selection import train_test_split
from sklearn.preprocessing import StandardScaler
# Logistic 回归
from sklearn.linear_model import LogisticRegression
# 模型评估
from sklearn.metrics import classification_report
# AUC 指标计算
from sklearn.metrics import roc_auc_score
# 加载数据
data = pd.read_csv("./breast-cancer-wisconsin.data")
print("data 的类型:",data.dtypes)
# 设置列名称
columns = ['Sample code number','Clump Thickness','Uniformity of Cell Size','Uniformity of Cell
Shape','Marginal Adhesion','Single Epithelial Cell Size','Bare Nuclei','Bland Chromatin','Normal
Nucleoli','Mitoses','Class']
# 更改列名称
data.columns = columns
# 将?转换为 np.nan
data.replace("?",np.nan,inplace = True)
# 可以使用 dropna 删除缺失值
data.dropna(how = 'any',axis = 0,inplace = True)
print("去除缺失值之后的形状:",data.shape)
data['Bare Nuclei'] = data['Bare Nuclei'].astype(int)  # object 类型转换为 int
print("data 的类型:",data.dtypes)
# 选取特征值、目标值
x = data.iloc[:,1:10].values
y = data.iloc[:,-1].values
# 进行数据集拆分,返回特征值、目标值
x_train,x_test,y_train,y_test = train_test_split(x,y,test_size = 0.3)
# 数据的标准化处理
st = StandardScaler()
# 进行数据标准化处理
st.fit_transform(x_train.astype(float))
```

```
st.fit_transform(x_test.astype(float))
# 进行 Logistic 回归预测
lg = LogisticRegression()
# 训练数据
lg.fit(x_train,y_train)
# 预测数据
y_predict = lg.predict(x_test)
print("y_predict:",y_predict)
print("权重:",lg.coef_)
print("截距:",lg.intercept_)
# 预测的准确率对比 y_predict ,y_test
print("预测的准确率:",lg.score(x_test,y_test)) # 准确率为 95 以上,准确率很好
# 进行分类评估
report = classification_report(y_test,y_predict,labels = [2,4],target_names = ['良性','恶性'])
print("分类评估报告如下所示:")
print(report)
```

部分输出结果如图 8-6 所示。

```
y_predict: [4 4 2 2 4 4 2 4 2 4 2 2 4 2 2 2 2 4 2 2 4 4 4 2 2 2 4 4 4 2 2 4 2 4 2 4 4
 2 2 4 2 2 2 2 4 2 4 2 2 2 2 4 4 4 4 2 2 2 4 4 2 2 2 4 4 4 4 2 2
 4 2 2 2 4 4 4 2 4 2 2 4 2 2 2 4 4 2 2 2 4 2 4 2 2 4 2 2 2 4 4 2 2
 2 4 2 2 2 4 4 2 2 2 2 2 2 2 2 2 4 4 2 4 2 2 2 2 4 2 4 2 2 2 2 2 4 2
 2 4 2 2 2 4 2 4 2 4 4 2 4 4 4 4 2 4 4 2 2 2 4 2 4 2
 4 2 2 2 4 2 2 4 4 4 2 4 2 4 2 2 4 2 2 2 4]
权重: [[ 0.1285035  0.40446029  0.45309772  0.05390702 -0.08558372  0.41741058
   0.03188077  0.22882562  0.03644155]]
截距: [-5.62506663]
预测的准确率: 0.9560975609756097
分类评估报告如下所示:
              precision    recall  f1-score   support

        良性       0.99      0.94      0.96       130
        恶性       0.90      0.99      0.94        75

   avg / total   0.96      0.96      0.96       205
```

图 8-6 预测肿瘤输出结果

习　　题

补全语句预测一个人的年收入是否超过 50 000。数据集中有如下属性信息：年龄、工作类别、fnlwgt(人口普查的序号)、教育程度、受教育时间(年)、婚姻状况、职业、关系、种族、性别、资本收益、资本损失、每周工作时长、原国籍、收入档次('<=50K','>50K')。

```
import pandas as pd
import numpy as np
from sklearn import linear_model,model_selection
# 读取数据
adults = pd.read_csv('adult1.csv')
# 获取年龄、教育程度、职位、每周工作时间作为机器学习数据,获取薪水作为对应结果
data = adults[['age', 'education', 'occupation','hours-per-week']].copy()
target = adults.income
data.dtypes      # 查看数据类型
data.head()      # 查看前 5 行数据,如图 8-7 所示
# 数据转换,将 String 类型数据转换为 int,因为机器学习只认识数字,需要将'education',
```

Out[128]:

	age	education	occupation	hours-per-week
0	39	Bachelors	Adm-clerical	40
1	50	Bachelors	Exec-managerial	13
2	38	HS-grad	Handlers-cleaners	40
3	53	11th	Handlers-cleaners	40
4	28	Bachelors	Prof-specialty	40

图 8-7 前 5 行数据

'occupation'的字符串分类转换为数字分类，用 0,1,2,… 代替
```
columns = ['education', 'occupation']
for col in columns:
    data[col] = pd.factorize(data[col])[0]
data.head()
# 转换后输出结果如图 8-8 所示
```

Out[131]:

	age	education	occupation	hours-per-week
0	39	0	0	40
1	50	0	1	13
2	38	1	2	40
3	53	2	2	40
4	28	0	3	40

图 8-8 转换后前 5 行数据

```
X_train, X_test, y_train, y_test = model_selection.train_test_split(data, target, test_size = 0.1)
# 利用训练集建模
sklearn_logistic = linear_model.LogisticRegression()
sklearn_logistic.fit(X_train, y_train)
# 返回模型的各个参数
print(sklearn_logistic.intercept_, sklearn_logistic.coef_)
# 模型预测
sklearn_predict = sklearn_logistic.predict(X_test)
pd.Series(sklearn_predict).value_counts()   # 预测结果统计如图 8-9 所示
```

```
Out[134]:  <=50K    3049
           >50K      208
           dtype: int64
```

图 8-9 预测结果统计

```
# 导入第三方模块
from sklearn import metrics
# 混淆矩阵如图 8-10 所示
cm = metrics.confusion_matrix(y_test, sklearn_predict)
cm    # 列是预测结果
```

```
Out[135]: array([[2370,  116],
                 [ 679,   92]], dtype=int64)
```

图 8-10 混淆矩阵

```
Accuracy = metrics.accuracy_score(y_test, sklearn_predict)
print('模型准确率为 % .2f % % :' % (Accuracy * 100))
```

```
print('\n模型的评估报告: \n',metrics.classification_report(y_test, sklearn_predict))
```
♯ 输出结果如图 8-11 所示
♯ 混淆矩阵的可视化,导入第三方模块
```
import seaborn as sns
import matplotlib.pyplot as plt
% matplotlib inline
```
♯ 补全语句,画出混淆矩阵的热力图
♯ 补全语句,画出 ROC 曲线

```
模型准确率为75.35%:

模型的评估报告:
              precision   recall  f1-score   support

      <=50K       0.77     0.95      0.85      2478
       >50K       0.44     0.11      0.18       779

avg / total       0.69     0.75      0.69      3257
```

图 8-11　评估报告

第9章

决策树与随机森林

9.1 原理

9.1.1 决策树

决策树是一种非线性有监督分类模型,随机森林也是一种非线性有监督分类模型。线性分类模型如 Logistic 回归,可能存在不可分问题,但是非线性分类就不存在此问题。

决策树是附加概率结果的一个树状的决策图,是直观地运用统计概率分析的方法。决策树是一个预测模型,它表示对象属性和对象值之间的一种映射,树中的每一个结点表示对象属性的判断条件,其分支表示符合结点条件的对象。树的叶子结点表示对象所属的预测结果。图 9-1 所示为一棵结构简单的决策树,根据贷款用户的三个属性(是否拥有房产,是否结婚,平均月收入)预测贷款用户是否具有偿还贷款的能力。

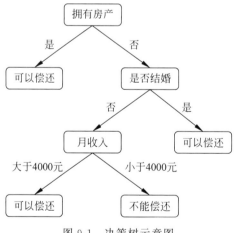

图 9-1　决策树示意图

决策树是一种基本的分类与回归方法,学习通常包含三个步骤:特征选择、决策树的生成和决策树的剪枝。

决策树学习本质是从训练数据集中归纳出一组分类规则;决策树学习的损失函数通常是正则化的极大似然函数,学习策略是由训练数据集估计条件概率模型。

决策树学习的算法通常是递归地选择最优特征,并根据该特征进行分割。这一过程对应着决策树的构建,也对应着特征空间的划分。使得划分之后的各个子集能够被基本分类,这样构建叶结点；否则继续递归划分。

算法分为两个步骤：训练阶段(建模)和分类阶段(应用)。

首先介绍特征选择。选择一个合适的特征作为判断结点，可以快速地分类，减少决策树的深度。决策树的目标就是把数据集按对应的类标签进行分类。最理想的情况是，通过特征的选择能把不同类别的数据集贴上对应的类标签。特征选择的目标使得分类后的数据集比较纯。如何衡量一个数据集的纯度？这里就需要引入数据纯度函数。下面将介绍两种表示数据纯度的函数：信息增益和基尼指数。

信息熵表示的是不确定度。均匀分布时，不确定度最大，此时熵就最大。设用 $P(X)$ 代表 X 发生的概率，熵 $H(X)$ 代表 X 发生的不确定性，则有：$P(X)$ 越大，$H(X)$ 越小；$P(X)$ 越小，$H(X)$ 越大。

$$H(X) = -\sum_{i=1}^{n} P(X_i) \mathrm{lb}(P(X_i)) \tag{9.1}$$

其中，$P(X_i)$ 表示随机事件 X 为 X_i 的概率。

当熵较小时表示集合较纯，分类效果较好。当选择某个特征对数据集进行分类时，分类后的数据集信息熵会比分类前的小，其差值表示为信息增益。信息增益可以衡量某个特征对分类结果的影响大小。

假设在样本数据集 D 中混有 c 种类别的数据。构建决策树时，根据给定的样本数据集选择某个特征值作为树的结点。在数据集中，可以计算出该数据中的信息熵：

$$\mathrm{Info}(D) = -\sum_{i=1}^{c} P_i \mathrm{lb}(P_i) \tag{9.2}$$

其中，D 表示训练数据集；c 表示数据类别数；P_i 表示类别 i 样本数量占所有样本的比例。

对应数据集 D，选择特征 A 作为决策树判断结点时，在特征 A 作用后的信息熵的为 $\mathrm{Info}_A(D)$，计算如下：

$$\mathrm{Info}_A(D) = \sum_{j=1}^{k} \frac{|D_j|}{|D|} \times \mathrm{Info}(D_j) \tag{9.3}$$

其中，k 表示样本 D 被分为 k 个部分。

信息增益表示数据集 D 在特征 A 的作用后，其信息熵减少的值。公式如下：

$$\mathrm{Gain}(A) = \mathrm{Info}(D) - \mathrm{Info}_A(D) \tag{9.4}$$

对于决策树结点最合适的特征选择，就是 $\mathrm{Gain}(A)$ 值最大的特征。因此，构造树的基本想法是随着树深度的增加，结点的熵迅速降低，降低的速度越快越好，这样才有望得到一棵高度最矮的决策树。

下面举例说明计算过程。假如小明上班可以选择两种交通工具：一种是打车上班；另一种是骑车上班。采取这两种途径中的哪一种取决于三个因素：一个因素是天气情况，天气假设可分为恶劣天气和非恶劣天气；另一个因素是小明的心情，心情分为好心情和坏心情；最后一个因素是小明是否快要迟到。假设三个因素对应的小明上班方式的情况如表 9-1 所示。

表 9-1　三个因素对应的小明上班方式的情况

天气	心情	是否快要迟到	上班方式
非恶劣	好	否	骑车
非恶劣	好	是	打车

续表

天气	心情	是否快要迟到	上班方式
非恶劣	坏	否	骑车
非恶劣	坏	是	打车
恶劣	好	否	打车
恶劣	好	是	打车
恶劣	坏	是	打车

可以分别计算出单个特征的条件信息熵,计算过程如下。

$$H(\text{way}\mid\text{weather})=\frac{4}{7}\left(-\frac{2}{4}\text{lb}\,\frac{2}{4}-\frac{2}{4}\text{lb}\,\frac{2}{4}\right)+\frac{3}{7}\times0=0.571\,43$$

$$H(\text{way}\mid\text{mood})=\frac{4}{7}\left(-\frac{1}{4}\text{lb}\,\frac{1}{4}-\frac{3}{4}\text{lg}\,\frac{3}{4}\right)+\frac{3}{7}\left(-\frac{2}{3}\text{lb}\,\frac{2}{3}-\frac{1}{3}\text{lb}\,\frac{1}{3}\right)=0.857\,14$$

$$H(\text{way}\mid\text{time})=\frac{3}{7}\left(-\frac{1}{3}\text{lb}\,\frac{1}{3}-\frac{2}{3}\text{lb}\,\frac{2}{3}\right)+\frac{4}{7}\times0=0.393\,56$$

通过计算,看到小明是否迟到这个特征的条件信息熵最小,因此其信息增益最大,那么就将这个属性作为根结点。所以决策树的雏形如图 9-2 所示。

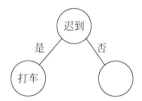

图 9-2　决策树的雏形

知道了根结点的放置方法,那么第二个问题(下面的结点放置哪个属性)也就迎刃而解了。我们只需要将已经得到的结点看作一个新的根结点,利用最小化条件信息熵的方法即可。将小明并不会迟到作为一个条件,如表 9-2 所示。

表 9-2　不会迟到信息

天气	心情	上班方式
非恶劣	好	骑车
非恶劣	坏	骑车
恶劣	好	打车

可以继续计算出天气因素的条件信息熵最小,为 0,那么下一个结点就选择天气因素。这个时候其实就可以结束决策树的生长了,为什么呢? 怎么判断什么时候结束决策树的生长呢?

因为在一直最小化条件信息熵,所以当发现所有特征的信息增益均很小,或者没有特征可以选择时就可以停止了。至此就构建出了决策树。

那么最终的决策树如图 9-3 所示。

通常,想要选取一个划分标准来为当前集合分类,需要定义一个指标来评判分类效果。常见的有以下三种指标。

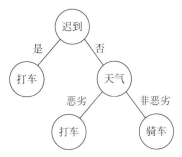

图 9-3 最终的决策树

ID3：信息增益（划分前熵值－划分后熵值）。

C4.5：信息增益率（信息增益/划分前的熵值）。

CART：利用基尼指数代替熵模型。

分类问题中，假设有 c 个类，样本点属于第 i 类的概率为 P_i，则概率分布的基尼指数定义如下：

$$\text{Gini}(D) = 1 - \sum_{i=1}^{c} P_i^2 \tag{9.5}$$

基尼指数 Gini(D) 表示集合 D 的不确定性，当数据集 D 只有一种数据类型时，基尼指数的值最低，为 0。基尼指数越大，样本集合的不确定性也就越大，这一点与熵值类似。

如果选取的属性为 A，那么分裂后的数据集 D 的基尼指数的计算公式为：

$$\text{Gini}_A(D) = \sum_{j=1}^{k} \frac{|D_j|}{|D|} \text{Gini}(D_j) \tag{9.6}$$

其中，k 表示样本 D 被分为 k 个部分，数据集 D 分裂成为 k 个 D_j 数据集。

对于特征选取，需要选择最小的分裂后的基尼指数。也可以用基尼指数增益值作为决策树选择特征的依据。公式如下：

$$\Delta \text{Gini}(A) = \text{Gini}(D) - \text{Gini}_A(D) \tag{9.7}$$

在决策树选择特征时，应选择基尼指数增益值最大的特征，作为该结点的分裂条件。

接下来介绍剪枝。在分类模型建立的过程中，很容易出现过拟合的现象，因此需要剪枝。

过拟合是指在模型学习训练中，训练样本达到非常高的逼近精度，但对检验样本的逼近误差随着训练次数而呈现出先下降后上升的现象。过拟合时训练误差很小，但是检验误差很大，不利于实际应用。

决策树的过拟合现象可以通过剪枝进行一定的修复。剪枝分为预先剪枝和后剪枝两种。

预先剪枝指在决策树生长过程中，使用一定条件加以限制，使得产生完全拟合的决策树之前就停止生长。预先剪枝的判断方法也有很多，例如信息增益小于一定阈值时通过剪枝使决策树停止生长。但如何确定一个合适的阈值也需要一定的依据，阈值太高导致模型拟合不足，阈值太低又导致模型过拟合。

后剪枝是在决策树生长完成之后，按照自底向上的方式修剪决策树。后剪枝有两种方式：一种是用新的叶子结点替换子树，该结点的预测类由子树数据集中的多数类决定。另一种是用子树中最常使用的分支代替子树。预先剪枝可能过早地终止决策树的生长,后剪枝一般能够产生更好的效果。但后剪枝在子树被剪掉后,决策树生长的一部分计算就被浪费了。

决策树的优点:

(1) 可以很容易地将模型进行可视化,看得明白。

(2) 由于决策树算法对每个样本特征进行单独处理,因此并不需要对数据进行转换,所以不需要对数据进行预处理。

决策树的缺点:

即便在建模时我们可以使用类似 max_depth 或 max_leaf_nodes 等参数来对决策树进行预剪枝处理,但它还是不可避免地会出现过拟合的问题,也就让模型的泛化性能大打折扣了。为了避免过拟合问题,下面介绍随机森林。

9.1.2　随机森林

随机森林,顾名思义,是用随机的方式建立一个森林,森林中有很多的决策树,随机森林的每一棵决策树之间是没有关联的。随机森林是利用多个决策树对样本进行训练、分类并预测的一种算法,主要应用于回归和分类场景。在对数据进行分类的同时,还可以给出各个变量的重要性评分,评估各个变量在分类中所起的作用。分类时,每棵树都投票并且返回得票最多的类。

1. 随机森林算法流程

(1) 训练总样本的个数为 N,则单棵决策树从 N 个训练集中有放回地随机抽取 N 个作为此单棵树的训练样本。

(2) 令训练样例的输入特征的个数为 M,m 远远小于 M,则在每棵决策树的每个结点上进行分裂时,从 M 个输入特征中随机选择 m 个输入特征,然后从这 m 个输入特征中选择一个最好的进行分裂。m 在构建决策树的过程中不会改变。

(3) 每棵树都一直这样分裂下去,直到该结点的所有训练样例都属于同一类,不需要剪枝。

2. 随机森林的两种形式

(1) Forest-RI: 在结点分裂时,随机地选择 F 个特征作为候选分裂特征,然后从这随机选择的 F 特征中挑选出最佳分裂特征。以此种方式生成决策树,进而得到随机森林。可见 F 值对模型的性能是有影响的。一般 F 有两种选择,首先是 $F=1$,其次是取小于 $\mathrm{lb}M+1$ 的最大正整数,M 是输入特征的个数。

(2) Forest-RC: 使用输入特征的随机线性组合。它不是随机地选择一个特征子集,而是由已有特征的线性组合创建一些新特征。即一个特征由指定的 L 个原特征组合产生。在每个给定的结点,随机选取 L 个特征,并且从 $[-1,1]$ 中随机选取数作为系数相加。产生 F 个线性组合,并且其中搜索到最佳划分。当只有少量特征可用时,为了降低个体分类器之间的相关性,这种形式的随机森林是有用的。

3. 随机森林的优点与缺点

(1) 随机森林的优点。

① 可以用来解决分类和回归问题: 随机森林可以同时处理分类和数值特征。

② 抗过拟合能力: 通过平均决策树,降低过拟合的风险性。

③ 只有在半数以上的基分类器出现差错时才会做出错误的预测：随机森林非常稳定，即使数据集中出现了一个新的数据点，整个算法也不会受到过多影响，它只会影响一棵决策树，很难对所有决策树都产生影响。

（2）随机森林的缺点。

① 据观测，如果一些分类/回归问题的训练数据中存在噪声，随机森林中的数据集会出现过拟合的现象。

② 比决策树算法更复杂，计算成本更高。

9.2　应用举例

视频讲解

【例 9-1】　利用决策树和随机森林对 Scikit-learn 自带的红酒数据集进行分类。

```
from sklearn import tree
from sklearn.datasets import load_wine
from sklearn.model_selection import train_test_split
wine = load_wine()
Xtrain, Xtest, Ytrain, Ytest = train_test_split(wine.data, wine.target, test_size = 0.3)
clf = tree.DecisionTreeClassifier(criterion = 'entropy')
clf = clf.fit(Xtrain, Ytrain)
score = clf.score(Xtest, Ytest)            ♯ 返回预测的准确度
♯ 输出: 0.8888888888888888
!pip install graphviz ♯ 在 anaconda prompt 中输入 conda install python – graphviz
feature_name = ['酒精','苹果酸','灰','灰的碱性','镁','总酚','类黄酮','非黄烷类酚类','花青素',
'颜色强度','色调','od280/od315 稀释葡萄酒','脯氨酸']
import graphviz                            ♯ 逗号放前面可以随时注释
dot_data = tree.export_graphviz(clf
                                ,feature_names = feature_name
                                ,class_names = ['琴酒','雪莉','贝尔摩德']
                                ,filled = True
                                ,rounded = True
                                ,out_file = None)
graph = graphviz.Source(dot_data)
graph ♯ 如图 9-4 所示
clf.feature_import ances_ ♯ 特征的重要性
[ * zip(feature_name, clf.feature_import ances_)]          ♯ 重要性指数如图 9-5 所示
♯ 剪枝
clf = tree.DecisionTreeClassifier(criterion = "entropy"
                                ,random_state = 30
                                ,splitter = "random"
                                ,max_depth = 3
                                ,min_samples_leaf = 10
                                ,min_samples_split = 62      ♯ 原来 61 个样本就不分了
                                )
clf = clf.fit(Xtrain, Ytrain)
dot_data = tree.export_graphviz(clf
                                ,feature_names = feature_name
                                ,class_names = ["琴酒","雪莉","贝尔摩德"]
                                ,filled = True
```

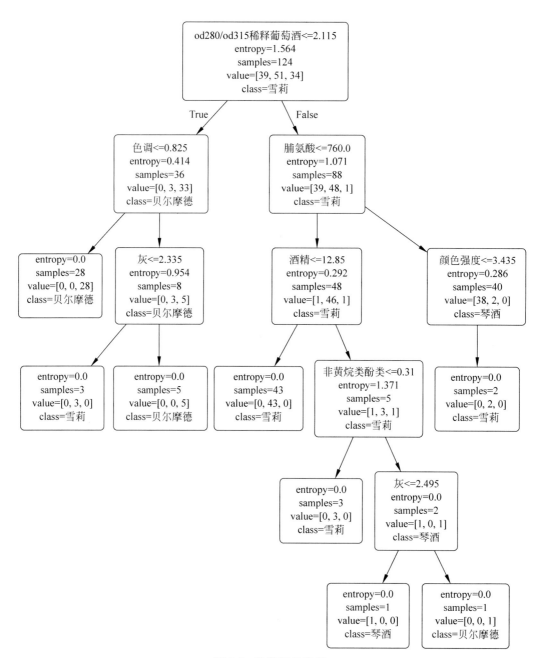

图 9-4 决策树示意图

Out[27]: [('酒精', 0.03681680639455178),
          ('苹果酸', 0.0),
          ('灰', 0.04968730081625457),
          ('灰的碱性', 0.0),
          ('镁', 0.0),
          ('总酚', 0.0),
          ('类黄酮', 0.0),
          ('非黄烷类酚类', 0.025034536007800187),
          ('花青素', 0.0),
          ('颜色强度', 0.059074601541148165),
          ('色调', 0.03744766499060516),
          ('od280/od315稀释葡萄酒', 0.43730791348733183),
          ('脯氨酸', 0.3546311767623083)]

图 9-5 重要性指数

```
                                   , rounded = True
                                   , out_file = None
                                       )
graph = graphviz.Source(dot_data)
graph  # 剪枝后决策树示意图如图 9-6 所示
```

Out[34]:

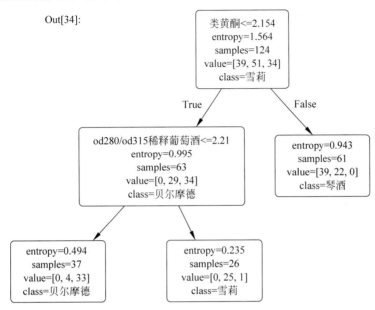

图 9-6 剪枝后决策树示意图

```
# 调参,观察不同的 max_depth 对 score 的影响
% matplotlib inline
import matplotlib.pyplot as plt
test = []
for i in range(10):
    clf = tree.DecisionTreeClassifier(max_depth = i + 1
                                   , criterion = "entropy"
                                   , random_state = 30
                                   , splitter = "random"
                                   )
    clf = clf.fit(Xtrain, Ytrain)
        score = clf.score(Xtest, Ytest)
        test.append(score)
plt.plot(range(1,11),test,color = "red",label = "max_depth")
plt.legend()
plt.show()  # 观察不同的 max_depth,如图 9-7 所示
# 也可以利用网格搜索法测试参数
from sklearn.model_selection import GridSearchCV
from sklearn import tree
# 预设各参数的不同选项值
max_depth = [2,3,4,5,6]
min_samples_split = [10,20,30,40,50,60]
min_samples_leaf = [2,4,8,10,12]
# 将各参数值以字典形式组织起来
parameters = {'max_depth':max_depth, 'min_samples_split':min_samples_split, 'min_samples_
```

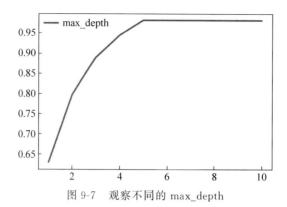

图 9-7　观察不同的 max_depth

```
leaf':min_samples_leaf}
# 网格搜索法,测试不同的参数值
grid_dtcateg = GridSearchCV(estimator = tree.DecisionTreeClassifier(), param_grid =
parameters, cv = 10)
# 模型拟合
grid_dtcateg.fit(Xtrain, Ytrain)
# 返回最佳组合的参数值
grid_dtcateg.best_params_
# 输出结果
Out[]:{'max_depth':3,'min_samples_leaf':2,'min_samples_split':20}
clf = tree.DecisionTreeClassifier(criterion = "entropy"
                                  ,random_state = 30
                                  ,splitter = "random"
                                  ,max_depth = 3
                                  ,min_samples_leaf = 2
                                  ,min_samples_split = 20
                                  )
clf = clf.fit(Xtrain,Ytrain)
score = clf.score(Xtest, Ytest)
score
# 输出结果
[Out]:0.9074074074074074
# 利用随机森林分类
from sklearn import ensemble
from sklearn import metrics
# 构建随机森林
RF_class = ensemble.RandomForestClassifier(n_estimators = 200, random_state = 1234)
# 随机森林的拟合
RF_class.fit(Xtrain, Ytrain)
# 模型在测试集上的预测
RFclass_pred = RF_class.predict(Xtest)
# 模型的准确率
score = RF_class.score(Xtest, Ytest)
score
# 输出结果
[Out]:1.0
```

习　　题

补全语句利用决策树(要求画图)和随机森林对 Scikit-learn 中的鸢尾花数据集进行分类。

说明: 鸢尾花数据集只有 150 个样本,每个样本只有 4 个特征,分别是花萼长度(cm)、花萼宽度(cm)、花瓣长度(cm)、花瓣宽度(cm),这些形态特征在过去被用来识别物种。时至今日,已经可以通过基因签名来识别这些分类了。三种鸢尾花分别是山鸢尾花(Iris Setosa)、变色鸢尾花(Iris Versicolor)和弗吉尼亚鸢尾花(Iris Virginica)。

```
import numpy as np
import pandas as pd
import matplotlib.pyplot as plt
% matplotlib inline
from sklearn.datasets import load_iris
from sklearn import datasets              # 导入方法类
iris = datasets.load_iris()              # 加载 iris 数据集
iris_feature = iris.data                 # 特征数据
iris_target = iris.target                # 分类数据
from sklearn.model_selection import train_test_split
feature_train, feature_test, target_train, target_test = train_test_split(iris_feature,
iris_target, test_size = 0.33, random_state = 42)
# 补全语句,构建决策树模型,求模型的准确率
# 补全语句,绘制决策树图并显示
# 补全语句,构建随机森林模型,求模型的准确率
# 补全语句,对随机森林模型中各自变量的重要性降序排列,画图显示
```

第10章

KNN模型

10.1 原理

如表 10-1 所示,数据表中有两个属性和两个标签(A,B),预测最后一行属于哪种标签。

表 10-1 数据表

属性一	属性二	标签
2.1	1.2	A
1.3	2.5	B
1.4	2.3	B
2.2	1.3	A
2.3	1.5	A
2.1	1.4	?

通过可视化数据,如图 10-1 所示,可以看到 A 和 B 分别集中在某一领域。观察可见,第 6 行(2.1,1.4)比较靠近标签 A。

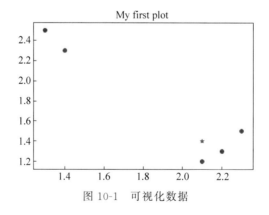

图 10-1 可视化数据

KNN 原理:因为未知标签的属性是已知的,所以可以通过计算未知标签的属性与已知标签的属性的距离,参数 K 表示最近邻居的数目,如当 $K=3$ 时,即取最近的 3 个距离值,通过概率论,三个之中哪个标签占的概率高就可以预测,未知标签就是等同此标签。

设 $A(x_1,y_1),B(x_2,y_2)$,则 A、B 两点间的距离公式为:

$$|AB|=\sqrt{(x_1-x_2)^2+(y_1-y_2)^2}$$

(10.1)

例如,点(1,0)与(2,3)之间的距离为:

$$\sqrt{(1-2)^2+(0-3)^2}$$

对未知类别属性的数据集中的每个点依次执行以下操作。

(1) 计算已知类别数据集中的点与当前点之间的距离。

(2) 按照距离递增次序排序。

(3) 选取与当前点距离最小的 K 个点。

(4) 确定前 K 个点所在类别的出现频率。

(5) 返回前 K 个点出现频率最高的类别作为当前点的预测分类。

KNN(K-Nearest Neighbor)算法是机器学习算法中最基础、最简单的算法之一。它既能用于分类,也能用于回归。KNN 算法通过测量不同特征值之间的距离来进行分类。

KNN 算法是一种非常特别的机器学习算法,因为它没有一般意义上的学习过程。它的工作原理是利用训练数据对特征向量空间进行划分,并将划分结果作为最终算法模型。存在一个样本数据集合,也称作训练样本集,并且样本集中的每个数据都存在标签,即知道样本集中每一数据与所属分类的对应关系。

输入没有标签的数据后,将这个没有标签的数据的每个特征与样本集中的数据对应的特征进行比较,然后提取样本中特征最相近的数据(最近邻)的分类标签。

一般而言,只选择样本数据集中前 K 个最相似的数据,这就是 KNN 算法中 K 的由来,通常 K 是不大于 20 的整数。最后,选择 K 个最相似数据中出现次数最多的类别作为新数据的分类。那么该如何确定 K 值呢? 答案是通过交叉验证(将样本数据按照一定比例,拆分出训练用的数据和验证用的数据,如按 6∶4 拆分出部分训练数据和验证数据),从选取一个较小的 K 值开始,不断增加 K 的值,然后计算验证集合的方差,最终找到一个比较合适的 K 值。通过交叉验证计算方差后大致会得到如图 10-2 所示的图。

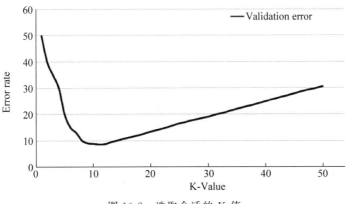

图 10-2　选取合适的 K 值

图 10-2 其实很好理解,当增大 K 时,一般错误率会先降低,因为有周围更多的样本可以借鉴,分类效果会变好。但注意,和 K-means 不一样,当 K 值更大时,KNN 错误率会更高。这也很好理解,如一共有 35 个样本,当 K 增大到 30 时,KNN 基本上就没意义了。

所以选择 K 值时可以选择一个较大的临界值,当它继续增大或减小时,错误率都会上升,如图 10-2 中的 $K=10$。

KNN算法的优点。

（1）简单易用，相比其他算法，KNN算是比较简洁明了的算法。即使没有很好的数学基础也能搞清楚它的原理。

（2）模型训练时间快，它没有明确的训练数据的过程。

（3）预测效果好。

（4）对异常值不敏感。

KNN算法的缺点。

（1）对内存要求较高，因为该算法存储了所有训练数据。

（2）预测阶段可能很慢。

（3）样本不平衡问题（即有些类别的样本数量很多，而其他样本的数量很少）。

视频讲解

10.2　应用举例

1. 用于分类

（1）利用 KNN 模型对 Scikit-learn 中的乳腺癌数据集进行乳腺癌诊断。

```python
from sklearn.neighbors import KNeighborsClassifier
from sklearn.datasets import load_breast_cancer
from sklearn.model_selection import train_test_split
import numpy as np
data = np.array(load_breast_cancer()['data'][10:])
lable = np.array(load_breast_cancer()['target'][10:])
data_test = np.array(load_breast_cancer()['data'][0:10])
lable_test = np.array(load_breast_cancer()['target'][0:10])
model = KNeighborsClassifier(n_neighbors = 4)
model.fit(data,lable)
res = model.predict(data_test)
print('prediction',res)
print('real lable',lable_test)
acc = model.score(data_test,lable_test)
print("accuracy",acc)
```

计算结果：

```
prediction [0 0 0 1 0 0 0 0 0 0]
real lable [0 0 0 0 0 0 0 0 0 0]
accuracy 0.9
```

（2）利用 KNN 模型对 Scikit-learn 中的鸢尾花数据集进行分类并画出分类图。

```python
from sklearn.datasets import load_iris
from sklearn.model_selection import train_test_split
from sklearn.neighbors import KNeighborsClassifier
% matplotlib inline
iris = load_iris()
data = iris['data']
target = iris['target']
X_train,X_test,y_train,y_test = train_test_split(data,target,test_size = 0.2)
```

```
knn = KNeighborsClassifier()
knn.fit(X_train,y_train).score(X_train,y_train)
knn.score(X_test,y_test)
Out[]:0.9333333333333333
# 画分类边界,从 4 个特征中选出两个特征
from pandas import DataFrame
df = DataFrame(data = data)
df.head()
df.plot()        # 折线图如图 10-3 所示
```

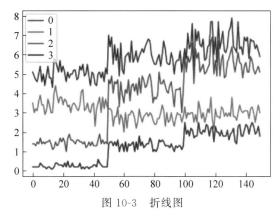

图 10-3　折线图

```
# 选前两个特征画散点图
data = data[:,0:2]
data.shape
plt.scatter(data[:,0],data[:,1],c = target)        # 散点图如图 10-4 所示
```

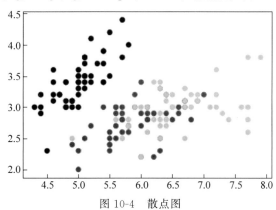

图 10-4　散点图

```
x,y = np.linspace(data[:,0].min(),data[:,0].max(),1000),np.linspace(data[:,1].min(),data
[:,1].max(),1000)
X,Y = np.meshgrid(x,y)
XY = np.c_[X.ravel(),Y.ravel()]
knn = KNeighborsClassifier()
knn.fit(data,target)
y_ = knn.predict(XY)                               # 训练 1 000 000 个点
plt.pcolormesh(X,Y,y_.reshape(1000,1000))          # 画大块颜色图如图 10-5 所示
plt.scatter(data[:,0],data[:,1],c = target,cmap = 'rainbow')
```

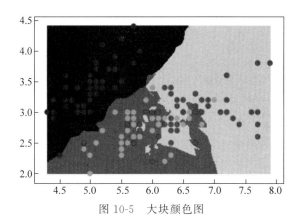

图 10-5　大块颜色图

2. 用于回归

```
x = np.random.rand(100) * 10       ♯ 0-1 均匀分布的随机样本值,不包括 1
y = np.sin(x)
plt.scatter(x,y)                   ♯ 正弦散点图如图 10-6 所示
```

Out[31]: 〈matplotlib.collections.PathCollection at 0x255cefc6cc0〉

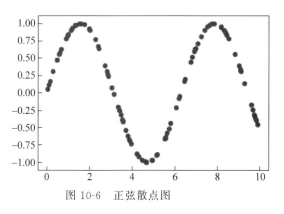

图 10-6　正弦散点图

```
y[::4] + = np.random.randn(25) * 0.3       ♯ 每隔 4 个点加一个噪点,如图 10-7 所示
```

Out[33]: 〈matplotlib.collections.PathCollection at 0x255cf02c5c0〉

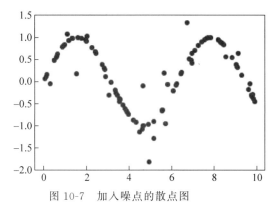

图 10-7　加入噪点的散点图

```
plt.scatter(x,y)
from sklearn.neighbors import KNeighborsRegressor
knn = KNeighborsRegressor()
knn.fit(x.reshape(-1,1),y)                      # y 是标记
X_test = np.linspace(0,10,1000).reshape(-1,1)   # 生成预测数据 0～10,预测不了 10～20 的数据
y_ = knn.predict(X_test)
plt.scatter(x,y)
plt.plot(X_test,y_,c = 'r')                      # 红色线是我们预测出来的走势,如图 10-8 所示
```

Out[38]: [<matplotlib.lines.Line2D at 0x255cf271470>]

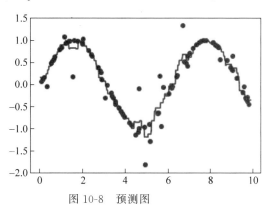

图 10-8　预测图

习　　题

补全语句,利用 KNN 模型对 Scikit-learn 中的鸢尾花数据集进行分类。

```
import numpy as np
import pandas as pd
import matplotlib.pyplot as plt
% matplotlib inline
from sklearn.datasets import load_iris
iris = load_iris()
data = iris['data']              # (150,4)
target = iris['target']          # (150,)
# 设置待测试的不同 k 值
K = np.arange(1,np.ceil(np.log2(data.shape[0]))).astype(int))
# 构造训练集和测试集、导入第三方模块
from sklearn import model_selection
from sklearn import neighbors
# 将数据集拆分为训练集和测试集
X_train, X_test, y_train, y_test = model_selection.train_test_split(data, target, test_size
= 0.25, random_state = 1234)
# 构建空的列表,用于存储平均准确率
accuracy = []
for k in K:
# 补全语句,使用 10 重交叉验证的方法,对比每一个 k 值下 KNN 模型的预测准确率,如图 10-9 所示
# 补全语句,构建并画出混淆矩阵的热力图,并加上字段名和行名称,用于行或列的含义说明,
```

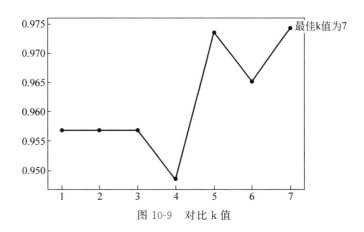

图 10-9　对比 k 值

♯ 混淆矩阵的热力图如图 10-10 所示

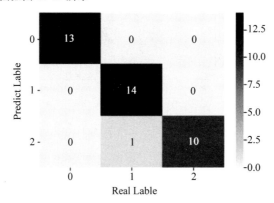

图 10-10　混淆矩阵的热力图

♯ 补全语句,求模型整体的预测准确率
♯ 补全语句,输出分类模型的评估报告,如图 10-11 所示

	precision	recall	f1-score	support
0	1.00	1.00	1.00	13
1	1.00	0.93	0.97	15
2	0.91	1.00	0.95	10
avg / total	0.98	0.97	0.97	38

图 10-11　评估报告

朴素贝叶斯模型

11.1 原理

11.1.1 贝叶斯定理

首先,要明白贝叶斯统计方式与统计学中的频率概念是不同的,从频率的角度出发,即假定数据遵循某种分布,要确定该分布的几个参数,在某个固定的环境下做模型,而贝叶斯则是根据实际的推理方式来建模。人们拿到数据来更新模型对某事件即将发生的可能性的预测结果。在贝叶斯统计学中,使用数据来描述模型,而不是使用模型来描述数据。

贝叶斯定理旨在计算 $P(A \mid B)$ 的值,也就是在已知 B 发生的条件下 A 发生的概率。大多数情况下,B 是被观察事件,如"昨天下雨了",A 为预测结果,如"今天会下雨"。对数据挖掘来说,B 通常是观察样本的个体,A 为被预测个体所属的类别。贝叶斯公式为:

$$P(A \mid B) = \frac{P(B \mid A)P(A)}{P(B)} \tag{11.1}$$

举例说明,下面计算含有单词 drugs 的邮件为垃圾邮件的概率。

在这里,A 为"这是一封垃圾邮件"。先计算 $P(A)$,它也被称为先验概率。计算方法是,统计训练中的垃圾邮件的比例,如果数据集中每 100 封邮件有 30 封垃圾邮件,则 $P(A)$ 为 $30/100 = 0.3$。

B 表示"该封邮件含有单词 drugs"。类似地,可以计算数据集中含有单词 drugs 的邮件数的概率 $P(B)$。如果每 100 封邮件有 10 封含 drugs,那么 $P(B)$ 就为 $10/100 = 0.1$。

$P(B \mid A)$ 指的是垃圾邮件中含有单词 drugs 的概率,计算起来也很容易,如果 30 封邮件中有 6 封含有 drugs,那么 $P(B \mid A)$ 为 $6/30 = 0.2$。

现在,就可以根据贝叶斯定理计算出 $P(A \mid B)$,得到含有 drugs 的邮件为垃圾邮件的概率。把上面的每一项代入前面的贝叶斯公式,得到结果为 0.6。这表明如果邮件中含有 drugs 这个词,那么该邮件为垃圾邮件的概率为 60%。

11.1.2 朴素贝叶斯

其实,通过上面的例子可以知道贝叶斯定理能计算个体从属于给定类别的概率。因此,它能用来分类。朴素贝叶斯的思想基础是:对于给出的待分类项,求解在此项出现的条件下各个类别出现的概率,哪个最大,就认为此待分类项属于哪个类别。

用 C 表示某种类别,用 D 代表数据集中的一篇文档,计算贝叶斯公式所要用到的各种统计量,对于不好计算的,做出朴素假设,简化计算。

$P(C)$为某一类别的概率,可以从训练集中计算得到。

$P(D)$为某一文档的概率,它涉及很多特征,计算很难,但是,可以这样理解:当计算文档属于哪一类别时,对于所有类别来说,每一篇文档都是独立重复事件,$P(D)$相同,因此根本不用计算它。稍后看怎样处理它。

$P(D|C)$为文档D属于C类的概率,由于D包含很多特征,计算起来很难,这时朴素贝叶斯算法就派上用场了。朴素地假定各个特征是互相独立的,分别计算每个特征(D_1、D_2、D_3等)在给定类别的概率,再求它们的积。

计算每个特征在给定类别的概率对于二值特征相对比较容易计算,直接在数据集中进行统计,就能得到所有特征的概率值。

相反,如果不做朴素假设,就要计算每个类别不同特征之间的相关性。这些计算很难完成,如果没有大量的数据或足够的语言分析模型是不可能完成的。

到这里,算法就很明确了。对于每个类别,都要计算$P(C|D)$,忽略$P(D)$项。概率较高的那个类别即为分类结果。

假如数据集中有以下一条用二值特征表示的数据:$[1,0,0,1]$。

训练集中有75%的数据集属于类别0,25%的数据集属于类别1,且每一个特征属于每个类别的概率如下。

类别0:$[0.3, 0.4, 0.4, 0.7]$。

类别1:$[0.7, 0.3, 0.4, 0.9]$。

注:上述类别中的小数表示有多少概率该特征为1。例如,0.3表示有30%的数据,特征1的值为1。

计算这条数据属于类别0的概率。类别为0时,$P(C=0)=0.75$。

朴素贝叶斯算法不用$P(D)$,因此不用计算它。

$$P(D\mid C=0)=P(D_1\mid C=0)*P(D_2\mid C=0)*P(D_3\mid C=0)*P(D_4\mid C=0)$$
$$=0.3\times0.6\times0.6\times0.7$$
$$=0.0756$$

现在就可以计算该条数据从属于每个类别的概率。

$$P(C=0\mid D)=P(C=0)*P(D\mid C=0)$$
$$=0.75\times0.0756$$
$$=0.0567$$

接着计算类别1的概率,方法同上。可以得到

$$P(C=1\mid D)=0.066\ 15$$

由此可以推断这条数据应该分到类别1中。以上就是朴素贝叶斯的全部计算过程。还有一点应该注意,通常,$P(C=0|D)+P(C=1|D)$应该等于1。然而在上述中并不是等于1,这是因为在计算中省去了公式中的$P(D)$项。

朴素贝叶斯的优点:

(1) 算法逻辑简单,易于实现。

(2) 分类过程中时空开销小(假设特征相互独立,只会涉及二维存储)。

朴素贝叶斯的缺点:朴素贝叶斯假设属性之间相互独立,这种假设在实际过程中往往

是不成立的。在属性之间相关性越大,分类误差也就越大。

11.1.3 Scikit-learn 中三种不同类型的朴素贝叶斯模型

在 Scikit-learn 中,提供了若干种朴素贝叶斯的实现算法,不同的朴素贝叶斯算法,主要是对 $P(x_i|y)$ 的分布假设不同,进而采用不同的参数估计方式。能够发现,朴素贝叶斯算法主要就是计算 $P(x_i|y)$,一旦 $P(x_i|y)$ 确定,最终属于每个类别的概率自然也就迎刃而解了。

常用的三种朴素贝叶斯为高斯朴素贝叶斯、多项式朴素贝叶斯、伯努利朴素贝叶斯。

1. 高斯朴素贝叶斯

高斯朴素贝叶斯适用于连续变量,其假定各个特征 x_i 在各个类别 y 下是服从正态分布的。算法内部使用正态分布的概率密度函数来计算概率如下:

$$P(x_i \mid y) = \frac{1}{\sqrt{2\pi\sigma_y^2}}\exp\left(-\frac{(x_i - \mu_y)^2}{2\sigma_y^2}\right) \tag{11.2}$$

其中,μ_y 和 σ_y 分别表示在类别为 y 的样本中特征 x_i 的均值和方差。

2. 多项式朴素贝叶斯

多项式朴素贝叶斯适用于离散变量,其假设各个特征 x_i 在各个类别 y 下是服从多项式分布的,故每个特征值不能是负数。计算方式如下:

$$P(x_i \mid y) = \frac{N_{yi} + \alpha}{N_y + \alpha n} \tag{11.3}$$

其中,N_{yi} 表示属于类别 y 的样本中第 i 个特征中数值为 x_i 的样本量;N_y 表示类别 y 的样本个数;n 表示特征数量;α 表示平滑系数,防止零概率的出现,当 α 等于 1 时表示拉普拉斯平滑。

3. 伯努利朴素贝叶斯

多项式朴素贝叶斯可同时处理二项分布和多项分布,其中二项分布又称伯努利分布,它是一种现实中常见并且拥有很多优越数学性质的分布。

与多项式模型一样,伯努利模型适用于离散特征的情况,所不同的是,数据集中可以存在多个特征,但每个特征都是二分类的,伯努利模型中每个特征的取值只能是 1 和 0(以文本分类为例,某个单词在文档中出现过,则其特征值为 1,否则为 0)。因此,算法会首先对特征值进行二值化处理(假设二值化的结果为 1 与 0),即大于 0 的认为是 1,小于或等于 0 的认为是 0。

计算方式如下:

$$P(x_i \mid y) = P(x_i = 1 \mid y)x_i + (1 - P(x_i = 1 \mid y))(1 - x_i) \tag{11.4}$$

在训练集中,会进行如下估计:

$$P(x_i = 1 \mid y) = \frac{N_{yi} + \alpha}{N_y + 2\alpha} \tag{11.5}$$

$$P(x_i = 0 \mid y) = 1 - P(x_i = 1 \mid y)$$

其中,N_{yi} 表示属于类别 y 的样本中第 i 个特征中数值为 1 的样本量;N_y 表示类别 y 的样本个数;α 表示平滑系数,防止零概率的出现。

11.2 应用举例

【例 11-1】 高斯朴素贝叶斯举例。

视频讲解

```python
import numpy as np
import pandas as pd
from sklearn.naive_bayes import GaussianNB
np.random.seed(0)
x = np.random.randint(0,10,size = (6,2))
y = np.array([0,0,0,1,1,1])
data = pd.DataFrame(np.concatenate([x, y.reshape(-1,1)], axis = 1), columns = ['x1','x2','y'])
display(data)
gnb = GaussianNB()
gnb.fit(x,y)
# 每个类别的先验概率
print('概率:', gnb.class_prior_)
# 每个类别样本的数量
print('样本数量:', gnb.class_count_)
# 每个类别的标签
print('标签:', gnb.classes_)
# 每个特征在每个类别下的均值
print('均值:',gnb.theta_)
# 每个特征在每个类别下的方差
print('方差:',gnb.sigma_)
# 测试集
x_test = np.array([[6,3]])
print('预测结果:', gnb.predict(x_test))
print('预测结果概率:', gnb.predict_proba(x_test))
```

运行结果图 11-1 所示。

	x1	x2	y
0	5	0	0
1	3	3	0
2	7	9	0
3	3	5	1
4	2	4	1
5	7	6	1

```
概率: [ 0.5  0.5]
样本数量: [ 3.  3.]
标签: [0 1]
均值: [[ 5.  4.]
 [ 4.  5.]]
方差: [[ 2.66666667  14.00000001]
 [ 4.66666667   0.66666667]]
预测结果: [0]
预测结果概率: [[ 0.87684687  0.12315313]]
```

图 11-1 高斯朴素贝叶斯运行结果

【例 11-2】 伯努利朴素贝叶斯举例。

```python
from sklearn.naive_bayes import BernoulliNB
```

```
np.random.seed(0)
x = np.random.randint(-5,5,size=(6,2))
y = np.array([0,0,0,1,1,1])
data = pd.DataFrame(np.concatenate([x,y.reshape(-1,1)], axis=1), columns=['x1','x2','y'])
display(data)
bnb = BernoulliNB()
bnb.fit(x,y)
# 每个特征在每个类别下发生(出现)的次数.因为伯努利分布只有两个值,需要计算出现的概率
# P(x=1|y),不出现的概率P(x=0|y)使用1减去P(x=1|y)即可
print('数值1出现次数:', bnb.feature_count_)
# 每个类别样本所占的比重,即P(y).注意,该值为概率取对数之后的结果
# 如果需要查看原有的概率,需要使用指数还原
print('类别占比p(y):',np.exp(bnb.class_log_prior_))
# 每个类别下,每个特征(值为1)所占的比例(概率),即p(x|y)
# 该值为概率取对数之后的结果,如果需要查看原有的概率,需要使用指数还原
print('特征概率:',np.exp(bnb.feature_log_prob_))
```

运行结果图 11-2 所示。

	x1	x2	y
0	0	-5	0
1	-2	-2	0
2	2	4	0
3	-2	0	1
4	-3	-1	1
5	2	1	1

```
数值1出现次数: [[ 1.  1.]
 [ 1.  1.]]
类别占比p(y): [ 0.5  0.5]
特征概率: [[ 0.4  0.4]
 [ 0.4  0.4]]
```

图 11-2　伯努利朴素贝叶斯运行结果

分析：结果为什么是 0.4 呢？因为默认情况下有拉普拉斯平滑系数 α，而且在标签为 0 或标签为 1 时，x1>0 和 x2>0 都分别只有一个样本，即 $(1+\alpha)/(3+2\alpha)=(1+1)/(3+2)=0.4$。

【例 11-3】　比较三种朴素贝叶斯分布对鸢尾花数据集分类的效果。

```
from sklearn.datasets import load_iris
from sklearn.model_selection import train_test_split
from sklearn.naive_bayes import GaussianNB,MultinomialNB, BernoulliNB
X, y = load_iris(return_X_y=True)
X_train, X_test, y_train, y_test = train_test_split(X, y, test_size=0.25, random_state=0)
models = [("多项式朴素贝叶斯:", MultinomialNB()),
("高斯朴素贝叶斯:", GaussianNB()), ("伯努利朴素贝叶斯:", BernoulliNB())]
for name, m in models:
    m.fit(X_train, y_train)
    print(name, m.score(X_test, y_test))
```

运行结果：

```
多项式朴素贝叶斯: 0.578947368421
高斯朴素贝叶斯: 1.0
```

伯努利朴素贝叶斯: 0.236842105263

可以看到,高斯朴素贝叶斯的效果是最好的。

习　　题

补全语句,利用朴素贝叶斯模型,给出时间、地点、街区等特征来推测旧金山犯罪类型,属于多分类问题。

分析:

(1) 高斯朴素贝叶斯模型适合连续数据,因为题中样本各特征都是离散特征,所以不适合用此模型。

(2) 伯努利朴素贝叶斯模型和多项式朴素贝叶斯模型都适合离散式数据,因为旧金山犯罪是一个典型的伯努利分布,所以选择伯努利朴素贝叶斯模型。

```
# 数据集读取
import numpy as np
import pandas as pd
import matplotlib.pyplot as plt
from sklearn import model_selection
from sklearn import naive_bayes
from sklearn import metrics,preprocessing
import seaborn as sns
% matplotlib inline
train_df = pd.read_csv('train.csv')
train_df.head() # 前 5 行数据如图 11 - 3 所示
```

	Dates	Category	Descript	DayOfWeek	PdDistrict	Resolution	Address	X	Y
0	2015-05-13 23:53:00	WARRANTS	WARRANT ARREST	Wednesday	NORTHERN	ARREST, BOOKED	OAK ST / LAGUNA ST	-122.425892	37.774599
1	2015-05-13 23:53:00	OTHER OFFENSES	TRAFFIC VIOLATION ARREST	Wednesday	NORTHERN	ARREST, BOOKED	OAK ST / LAGUNA ST	-122.425892	37.774599
2	2015-05-13 23:33:00	OTHER OFFENSES	TRAFFIC VIOLATION ARREST	Wednesday	NORTHERN	ARREST, BOOKED	VANNESS AV / GREENWICH ST	-122.424363	37.800414
3	2015-05-13 23:30:00	LARCENY/THEFT	GRAND THEFT FROM LOCKED AUTO	Wednesday	NORTHERN	NONE	1500 Block of LOMBARD ST	-122.426995	37.800873
4	2015-05-13 23:30:00	LARCENY/THEFT	GRAND THEFT FROM LOCKED AUTO	Wednesday	PARK	NONE	100 Block of BRODERICK ST	-122.438738	37.771541

图 11-3　前 5 行数据

观察图 11-3 中的数据集,有日期、犯罪种类、描述、星期、解决方案、地址及 X/Y 坐标等多列。将"犯罪类别"设置为类别,同时这里不将"罪行描述""X/Y 坐标""结果"作为其特征。

```
# 调用 Scikit-learn 的 preprocessing 库,使用 LabelEncoder 对犯罪类型编码.
le = preprocessing.LabelEncoder()
crime_type_encode = le.fit_transform(train_df['Category'])
# 处理特征: 将小时、星期、所属警区的特征使用批 Pandas 库的 get_dummies()功能因子化,得到哑
# 变量(dummy_variable)
hour = pd.to_datetime(train_df['Dates']).dt.hour # 从 Dates 列中抽取小时间
hour = pd.get_dummies(hour)
day = pd.get_dummies(train_df['DayOfWeek'])
police_district = pd.get_dummies(train_df['PdDistrict'])
```

```
# 合并训练集数据的特征
train_set = pd.concat([hour, day, police_district], axis = 1)
# 将特征组合成一个 DataFrame
# 将类别合并到数据集中
train_set['Crime type'] = crime_type_encode
# 向特征组成的 DataFrame 添加新的一列类别
# 补全语句,从训练数据集中分割出训练数据和测试数据
# 补全语句,创建训练模型,将 X_train、y_train 放入模型
# 补全语句,将 X_test 放入刚刚生成的模型进行预测
# 补全语句,将预测值与实际值进行对比,输出精确度的值,并画出混淆矩阵的热力图
```

第12章

SVM模型

12.1 原理

SVM 的全称是 Support Vector Machine,即支持向量机,主要用于解决模式识别领域中的数据分类问题,特别是对于非线性不可分数据集。支持向量机不仅能对非线性可分数据集进行分类,对于非线性不可分数据集也可以分类,属于有监督学习算法的一种。SVM要解决的问题可以用一个经典的二分类问题加以描述。

SVM 的核心思想是尽最大的努力使分开的两个类别有最大间隔,这样才能使得分割具有更高的可信度,而且对于未知的新样本才有很好的分类预测能力。那么怎么描述这个间隔,并且让它最大呢? 如图 12-1 所示。

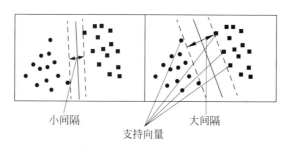

图 12-1　最大间隔示意图

在高维空间中这样的分隔面称为分离超平面,因为当维数大于 3 时已经无法想象出这个平面的具体样子。那些距离这个超平面最近的点就是所谓的支持向量,实际上如果确定了支持向量也就确定了这个超平面,找到这些支持向量后其他样本就不起作用了。

总之,SVM 把分类问题转换为寻找分离超平面的问题,并通过最大化分类边界点距离超平面的间隔来实现分类。如图 12-2 所示,对于线性可分的数据集来说,这样的超平面有无穷个,但是几何间隔最大的分离超平面却是唯一的。

1. 线性可分的情况

首先考虑最简单的情况,即线性可分,也就是说所有样本都可以被正确地划分。这样划分出来得到的间隔是实实在在的,所以把线性可分情况下的间隔称为硬间隔。首先写出这个分离超平面的公式:

$$\boldsymbol{w} \cdot \boldsymbol{x} + b = 0 \tag{12.1}$$

其中,$\boldsymbol{x}$ 表示一条 n 维的样本特征组成的向量;$\boldsymbol{w}$ 是平面的 n 维法向量,决定平面的方向;

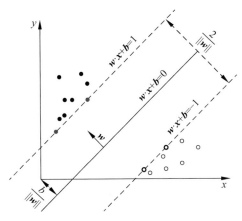

图 12-2 分离超平面

这里的 b 就是简单的偏移量。可以表示出每一个样本距离平面的距离：

$$d = \frac{|\boldsymbol{w} \cdot \boldsymbol{x} + b|}{\|\boldsymbol{w}\|} \tag{12.2}$$

这里做一点假设，对于样本中的点，在分离超平面上方的类别为 $y=1$，下方的类别为 $y=-1$。那么可以进一步得到 $\boldsymbol{w} \cdot \boldsymbol{x} + b$ 应该和 y 同号。所以可以写成：

$$y(\boldsymbol{w} \cdot \boldsymbol{x} + b) > 0 \tag{12.3}$$

观察支持向量（虚线上的样本点），也就是刚好在间隔边缘的点，它们到超平面的距离刚好是间隔的一半。假设这个点的函数值是 γ，把它表示出来可以得到：

$$y(\boldsymbol{w} \cdot \boldsymbol{x} + b) = \gamma \tag{12.4}$$

$$y\left(\frac{\boldsymbol{w}}{\gamma} \cdot \boldsymbol{x} + \frac{b}{\gamma}\right) = 1 \tag{12.5}$$

也就是说通过变形可以将函数值缩放到 1，既然如此，对于所有的样本点，$y(\boldsymbol{wx}+b) \geqslant 1$，对于支持向量 $y(\boldsymbol{wx}+b)=1$。可以表示出间隔：

$$\gamma = 2\frac{|\boldsymbol{w} \cdot \boldsymbol{x} + b|}{\|\boldsymbol{w}\|} = \frac{2}{\|\boldsymbol{w}\|} \tag{12.6}$$

要求 $\dfrac{2}{\|\boldsymbol{w}\|}$ 的最大值，也就是求 $\|\boldsymbol{w}\|^2$ 的最小值。要在线性可分的基础上让这个间隔尽量大，所以这是一个带约束的线性规划问题。把整个式子写出来：

$$\begin{cases} \min\limits_{\boldsymbol{w},b} \dfrac{1}{2}\|\boldsymbol{w}\|^2 \\ \text{st. } y_i(\boldsymbol{w} \cdot \boldsymbol{x}_i + b) \geqslant 1, \quad i=1,2,\cdots,m \end{cases} \tag{12.7}$$

其中，m 表示样本总数。为什么不直接求 $\|\boldsymbol{w}\|$ 的最小值，而非要求 $\|\boldsymbol{w}\|^2$ 的最小值呢？因为要将它转换为一个凸二次规划问题，可以对其使用拉格朗日乘子法得到其对偶问题。

利用拉格朗日函数将有约束的目标函数转换为无约束的目标函数：

$$L(\boldsymbol{w},b,\alpha) = \frac{1}{2}\|\boldsymbol{w}\|^2 - \sum_{i=1}^{m} \alpha_i(y_i(\boldsymbol{w} \cdot \boldsymbol{x}_i + b) - 1) \tag{12.8}$$

其中，$\alpha_i \geqslant 0$，当 $\alpha_i = 0$ 时 L 可以得到最大值，可以先求 $\max L(\boldsymbol{w},b,\alpha)$，所以最终的目标是 $\min\max L(\boldsymbol{w},b,\alpha)$，根据对偶性，将其转换为 $\max\min L(\boldsymbol{w},b,\alpha)$，可以证明，$\max\min L(\boldsymbol{w},$

$b,α)<\text{minmax } L(w,b,α)$。对于 $\min L(w,b,α)$ 问题，对 w 和 b 进行求导：

$$\begin{cases} \dfrac{\partial L}{\partial w} = w - \sum_{i=1}^{m} α_i y_i x_i = 0 \\[2mm] \dfrac{\partial L}{\partial b} = \sum_{i=1}^{m} α_i y_i = 0 \end{cases} \tag{12.9}$$

将上述参数代入目标函数，得到：

$$\min_{w,b} L(w,b,α) = \sum_{i=1}^{m} α_i - \frac{1}{2} \sum_{i=1}^{m} \sum_{j=1}^{m} α_i α_j y_i y_j (x_i \cdot x_j) \tag{12.10}$$

该等式只包含 $α_i$，最大化上式，得到其对偶问题：

$$\max_{α} \left(\sum_{i=1}^{m} α_i - \frac{1}{2} \sum_{i=1}^{m} \sum_{j=1}^{m} α_i α_j y_i y_j (x_i \cdot x_j) \right) \tag{12.11}$$

这是一个凸二次规划问题，可求得 $α_i$，因为 $w = \sum_{i=1}^{m} α_i y_i x_i$，计算得到 w，代入 $y_i(w \cdot x_i + b) = 1$，即该样本点 (x_i, y_i) 是支持向量，可以计算得到 b，对于不同的 $α_i$，会有不同的 b，所以一般会取这些值的平均值。求得 w 和 b，即可得到分离超平面方程。

2. 非线性可分的情况

对于输入空间中的非线性分类问题，可以通过非线性变换将它转换为某维特征空间中的线性分类问题，在高维特征空间中学习线性支持向量机。由于在线性支持向量机学习的对偶问题中，目标函数和分类决策函数都只涉及实例和实例之间的内积，所以不需要显式地指定非线性变换，而是用核函数替换当中的内积，就变成：

$$x_i \cdot x_j \Rightarrow φ(x_i) \cdot φ(x_j) \tag{12.12}$$

因此，核函数可以定义为：

$$K(x_i \cdot x_j) = φ(x_i) \cdot φ(x_j) \tag{12.13}$$

如果数据线性不可分，就需要将其映射到高维空间之后得到线性可分的数据。如图 12-3 所示，将输入向量从输入空间投射到另个一特征空间，在这个特征空间中，投射后的特征向量线性可分或近似线性可分，然后可以通过线性支持向量机的方法求解。

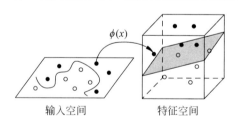

$φ(x)$

输入空间　　　　特征空间

图 12-3　非线性变换

常用的核函数如表 12-1 所示。

表 12-1　常用的核函数

名　　称	表　达　式	参　　数
线性核函数	$K(x_i \cdot x_j) = x_i^{\mathrm{T}} x_j$	
多项式核函数	$K(x_i \cdot x_j) = (x_i^{\mathrm{T}} x_j)^d$	$d \geqslant 1$ 为多项式的系数

名　　称	表　达　式	参　　数
高斯核函数	$K(x_i \cdot x_j) = \exp\left(-\dfrac{\|x_i - x_j\|^2}{2\delta^2}\right)$	$\delta > 0$ 为高斯核的带宽
拉普拉斯核函数	$K(x_i \cdot x_j) = \exp\left(-\dfrac{\|x_i - x_j\|}{\delta}\right)$	$\delta > 0$
Sigmoid 核函数	$K(x_i \cdot x_j) = \tanh(\beta x_i^{\mathrm{T}} x_j + \theta)$	$\tanh$ 为双曲正切函数，$\beta > 0, \theta < 0$

3. SVM 的优缺点

SVM 的优点：

（1）可以解决高维问题，即大型特征空间。

（2）能够处理非线性特征的相互作用。

（3）无须依赖整个数据。

（4）可以提高泛化能力。

SVM 的缺点：

（1）当观测样本很多时，效率并不是很高。

（2）对非线性问题没有通用解决方案，有时候很难找到一个合适的核函数。

（3）对缺失数据敏感。

12.2　应用举例

视频讲解

【**例 12-1**】　线性可分——求出分离两类点的分隔线。

```
from sklearn.datasets import make_blobs
from sklearn.svm import SVC
import matplotlib.pyplot as plt
import numpy as np
% matplotlib inline
# 生成两组点
data,target = make_blobs(centers = 2)
plt.scatter(data[:,0],data[:,1],c = target)      # 散点图如图 12-4 所示
```

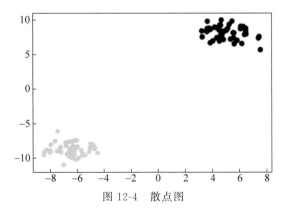

图 12-4　散点图

```
from sklearn.svm import SVC,SVR
svc = SVC(kernel = 'linear')
svc.fit(data,target)
svc.support_vectors_                              # 查看支持向量
```

运行结果：

```
array([[ 3.87179724, 6.67750784],
       [ - 4.97601316, - 8.00303845],
       [ - 7.43273243, - 6.18480043]])
w1,w2 = svc.coef_[0,0],svc.coef_[0,1]             # 系数 w 和 b
b = svc.intercept_
x = np.linspace( - 12.5,5.0,100)
y = - w1/w2 * x - b/w2                            # w1 * x + w2 * y + b = 0
plt.scatter(data[:,0],data[:,1],c = target)
plt.plot(x,y,c = 'r')                            # 分隔线如图 12-5 所示
```

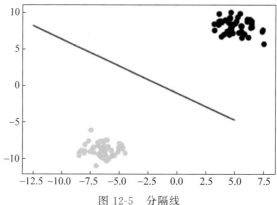

图 12-5　分隔线

【例 12-2】　非线性可分-多项式核函数举例。

```
import numpy as np
from sklearn import datasets
import matplotlib.pyplot as plt
from sklearn.preprocessing import PolynomialFeatures,StandardScaler
from sklearn.svm import LinearSVC
from sklearn.pipeline import Pipeline
from matplotlib.colors import ListedColormap
import warnings
def plot_decision_boundary(model,axis):
    x0,x1 = np.meshgrid(
    np.linspace(axis[0],axis[1],int((axis[1] - axis[0]) * 100)).reshape( - 1,1),
    np.linspace(axis[2],axis[3],int((axis[3] - axis[2]) * 100)).reshape( - 1,1)
    )
    x_new = np.c_[x0.ravel(),x1.ravel()]
    y_predict = model.predict(x_new)
    zz = y_predict.reshape(x0.shape)
    custom_cmap = ListedColormap(['#EF9A9A','#FFF59D','#90CAF9'])
    plt.contourf(x0,x1,zz,linewidth = 5,cmap = custom_cmap)
def PolynomialSVC(degree,C = 1.0):
```

```
    return Pipeline([
        ('poly',PolynomialFeatures(degree = degree)),
        ('std_scaler',StandardScaler()),
        ('linearSVC',LinearSVC(C = 1e9))
    ])
warnings.filterwarnings("ignore")
poly_svc = PolynomialSVC(degree = 3)
X,y = datasets.make_moons(noise = 0.15,random_state = 666)
poly_svc.fit(X,y)
plot_decision_boundary(poly_svc,axis = [ - 1.5,2.5, - 1.0,1.5])
plt.scatter(X[y == 0,0],X[y == 0,1],c = 'red')
plt.scatter(X[y == 1,0],X[y == 1,1],c = 'blue')
plt.show()          # 运行结果如图 12-6 所示
```

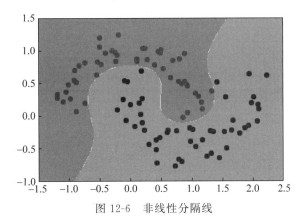

图 12-6　非线性分隔线

习　　题

补全语句，利用 SVM 模型对 Scikit-learn 中的鸢尾花数据集进行分类，并画出分类图（和 KNN 分类图进行比较）。

```
from sklearn.svm import SVC
from sklearn.datasets import load_iris
import matplotlib.pyplot as plt
import numpy as np
import pandas as pd
from sklearn.model_selection import train_test_split
from sklearn.model_selection import GridSearchCV
from sklearn import metrics
% matplotlib inline
iris = load_iris()
x, y = iris.data, iris.target
df = pd.DataFrame(data = x)
df.head()      # 前 5 行数据如图 12-7 所示
df.plot()      # 折线图如图 12-8 所示
x = x[:, :2]   # 选取前两个特征
X_train, X_test, y_train, y_test = train_test_split(x, y, test_size = 0.3, random_state = 0)
```

	0	1	2	3
0	5.1	3.5	1.4	0.2
1	4.9	3.0	1.4	0.2
2	4.7	3.2	1.3	0.2
3	4.6	3.1	1.5	0.2
4	5.0	3.6	1.4	0.2

图 12-7　前 5 行数据

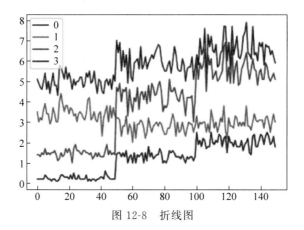

图 12-8　折线图

♯ 补全语句,调参选取最优参数
♯ 补全语句,模型在训练数据集上的拟合
♯ 补全语句,返回最佳参数值
♯ 补全语句,模型在测试集上的预测
♯ 补全语句,模型的预测准确率
♯ 补全语句,训练 1 000 000 个点,画出大块颜色分类图

第13章

K-means聚类

13.1 原理

K-means算法是一种无监督学习算法,可以被应用到无标签的数据中。这个算法的目的就是要找到数据的分组,分组的数目由 K 指定。这个算法基于提供的特征,迭代地将数据分配 K 个组别中的一个。数据是基于数据相似性被聚类的。K-means聚类算法的结果就是:

(1) K 个聚类中心,可以用来标注新的数据。

(2) 产生簇数据标签,每个数据都被分配给一个簇。

图13-1展示了对 n 个样本点进行K-means聚类的效果,这里 K 取 2。

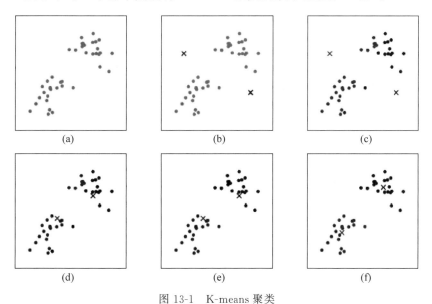

图 13-1　K-means 聚类

K-means算法的流程很简单,具体如下。

(1) 随机确定 K 个初始点作为质心。

(2) 将数据集中的每个点都分配到一个簇中,具体来讲,为每个点找距其最近的质心,并将其分配给该质心所对应的簇。

(3) 将每个簇的质心更新为该簇所有点的平均值。

（4）如果质心不再变化或者变化很小,退出循环,否则返回到第（2）步。

K-means 算法的优点：

（1）原理简单（靠近中心点）,实现容易,结果可解释性较好。

（2）属于无监督学习,无须准备训练集,聚类效果中上（依赖 K 的选择）。

K-means 算法的缺点。

（1）对离群点,噪声敏感（中心点易偏移）。

（2）很难发现大小差别很大的簇及进行增量计算。

（3）聚类数目 K 是一个输入参数,选择不恰当的 K 值可能会导致糟糕的聚类结果；结果不一定是全局最优,只能保证局部最优（与 K 的个数及初值选取有关）。

不像监督学习的分类问题和回归问题,无监督聚类没有样本输出,也就没有比较直接的聚类评估方法。目前有两种方法能够比较好地确定 K 的取值。

（1）惯性确定法。惯性指样本到最近聚类中心的平方距离之和。基于欧几里得距离,K-means 算法需要优化的问题就是使得簇内误差平方和 SSE 最小,也叫簇惯性。随着分类数量的增多,SSE 的数值也会变得越来越小,但并不是分类数量越多越好,在选择时就需要选择"拐点处的 K 值"。

（2）从簇内的稠密程度和簇间的离散程度来评估聚类的效果。常见的方法有轮廓系数（Silhouette Coefficient）和 CH（Calinski-Harabasz）指标。

轮廓系数 SC_i 的计算公式：

$$SC_i = \frac{b_i - a_i}{\max(b_i, a_i)} \tag{13.1}$$

注：i 为已聚类数据中的样本,b_i 为 i 到其他簇的所有样本的平均距离,a_i 为 i 到本身簇的距离平均值,最终计算出所有样本点的轮廓系数平均值。

当 $b_i \gg a_i$ 时,外部距离远大于内部距离,为 1,完美情况。

当 $b_i \ll a_i$ 时,内部距离远大于外部距离,为 -1,最差情况。

因此,SC_i 取值范围为 $[-1, 1]$,实际情况中超过 0 或者 0.1 就已经算是不错的情况。

Calinski-Harabasz 值 s 越大则聚类效果越好。Calinski-Harabasz 值 s 的数学计算公式：

$$s = \frac{\mathrm{tr}(\boldsymbol{B}_k)}{\mathrm{tr}(\boldsymbol{W}_k)} \frac{m - k}{k - 1} \tag{13.2}$$

其中,m 为训练集样本数；k 为类别数；$\boldsymbol{B}_k$ 为类别之间的协方差矩阵,$\boldsymbol{W}_k$ 为类别内部数据的协方差矩阵。tr 为矩阵的迹。也就是说,类别内部数据的协方差越小越好,类别之间的协方差越大越好,这样的 Calinski-Harabasz 值会更大。在 Scikit-learn 中,Calinski-Harabasz 索引对应的方法是 metrics. calinski_harabsaz_score()。

13.2 应用举例

视频讲解

【例 13-1】 K-means 算法举例。

```
from sklearn.cluster import KMeans
import matplotlib.pyplot as plt
```

```
x = [2.273, 27.89, 30.519, 62.049, 29.263, 62.657, 75.735, 24.344, 17.667, 68.816, 69.076,
85.691]
y = [68.367, 83.127, 61.07, 69.343, 68.748, 90.094, 62.761, 43.816, 86.765, 76.874, 57.829,
88.114]
plt.plot(x, y, 'b.')        #(x,y)点图如图13-2所示
plt.show()
```

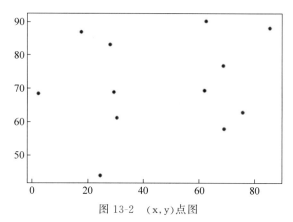

图13-2 (x,y)点图

```
points = [[i,j] for i,j in zip(x,y)]        # Python 递推式,将 x 和 y 中的数据依次选出构成点集
y_pred = KMeans(n_clusters = 2).fit_predict(points)        # 将数据聚为2类
print('聚类结果:', y_pred)        # 打印聚类的结果
plt.scatter(x, y, c = y_pred, marker = '*')
plt.show()
# 聚类结果如图13-3所示
```

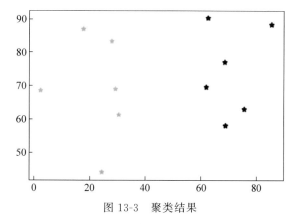

图13-3 聚类结果

【例13-2】 利用惯性确定法和Calinski-Harabasz值确定 K 的取值。

```
import numpy as np
import matplotlib.pyplot as plt
from sklearn.cluster import KMeans
from sklearn.datasets import make_blobs        # 为聚类产生数据集
from sklearn import metrics
# 以下利用 Scikit-learn 的 make_blobs 生成 K-means 测试数据
n_samples = 5000        # 样本数量:5000
random_state = 10        # 随机种子
```

```
centers = 5                                     # 分类数
x, y = make_blobs(centers = centers, n_samples = n_samples, random_state = random_state)
# 生成随机数
plt.figure(figsize = (25, 25))
plt.subplot(4, 3, 1)
plt.scatter(x[:, 0], x[:, 1], c = y)
plt.title('initial data')
plt.show()                                      # 生成的测试数据如图 13-4 所示
```

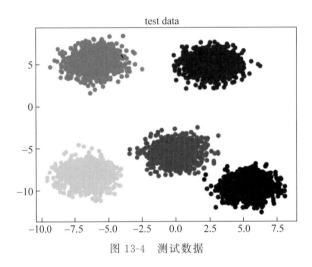

图 13-4　测试数据

对数据进行计算，K 的取值范围为 $2\sim9$，并记录每一个 K 取值时的 SSE 与 calinski_harabaz_score 取值：

```
inertia = [ ]
calinski_harabaz_score = [ ]
a = 2
for i in range(2, 10):
    km = KMeans(n_clusters = i, n_init = 10, init = 'k - means++').fit(x)
    y_pred = km.predict(x)
    center_ = km.cluster_centers_
    inertia.append([i, km.inertia_])
    z = metrics.calinski_harabaz_score(x, y_pred)
    calinski_harabaz_score.append([i, z])
inertia = np.array(inertia)
plt.subplot(1, 2, 1)
plt.plot(inertia[:, 0], inertia[:, 1])
plt.title('SSE')
plt.subplot(1, 2, 2)
calinski_harabaz_score = np.array(calinski_harabaz_score)
plt.plot(calinski_harabaz_score[:, 0], calinski_harabaz_score[:, 1])
plt.title('calinski_harabaz_score')
plt.subplots_adjust(hspace = 0.6, wspace = 0.3)
plt.show()  # 运行结果如图 13-5 所示
```

通过 SSE 的定义可知，SSE 随着 K 的增大是会变小的，一般会在 SSE 出现拐点的地方取值,同时还需要参考 calinski_harabaz_score 的取值。在此例中能够看出,SSE 在 $K=5$ 时出现较大的拐点,calinski_harabaz_score 在 $K=5$ 时取得最大值。

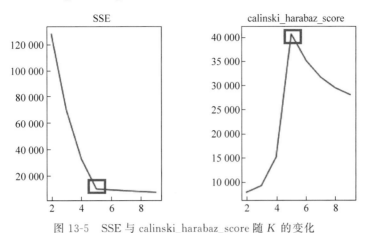

图 13-5　SSE 与 calinski_harabaz_score 随 K 的变化

习　　题

Instacart Market Basket Analysis 是一个经典的顾客行为预测案例,补全语句,通过分析开源大量的订单数据来预测将用户进行分类。

数据文件如下。

products.csv：商品信息。

order_products_prior.csv：订单与商品信息。

orders.csv：用户订单信息。

aisles.csv：商品所属的具体物品类别。

```
import pandas as pd
from sklearn.decomposition import PCA
from sklearn.cluster import KMeans
import matplotlib.pyplot as plt
from sklearn.metrics import silhouette_score
# 读取 4 张表的数据
prior = pd.read_csv(r"./data/order_products__prior.csv")
products = pd.read_csv(r"./data/products.csv")
orders = pd.read_csv(r"./data/orders.csv")
aisles = pd.read_csv(r"./data/aisles.csv")
# 合并 4 张表到一张表(用户 - 物品类别)
_mg = pd.merge(prior, products, on = ['product_id', 'product_id'])
_mg = pd.merge(_mg, orders, on = ['order_id', 'order_id'])
mt = pd.merge(_mg, aisles, on = ['aisle_id', 'aisle_id'])
# 交叉表(特殊的分组工具)
cross = pd.crosstab(mt['user_id'], mt['aisle'])
cross.head()
cross.shape
# 进行主成分分析
```

```
pca = PCA(n_components = 0.9)
data = pca.fit_transform(cross)
# 把样本数量减少,减少运算量
x = data[ :500]
print(x.shape)      # 样本维数过多,后面随机抽取 2 个特征仅用于画图
# 补全语句,假设用户一共分为 4 个类别,进行聚类
# 补全语句,显示聚类的结果,4 个类对应 4 个颜色,随机抽取 2 个特征用于画图展示
# 补全语句,评判聚类效果:轮廓系数
```

第14章
关联规则——Apriori算法

14.1 原理

关联规则（Association Rules）反映一个事物与其他事物之间的相互依存性和关联性。如果两个或者多个事物之间存在一定的关联关系，那么其中一个事物就能够通过其他事物预测到。关联规则分析是数据挖掘中最活跃的研究方法之一，其中一个典型例子是购物篮分析。通过发现顾客购物篮中的不同商品之间的联系，分析顾客的购买习惯，了解哪些商品频繁地被顾客同时购买，以帮助零售商制定营销策略。那么，对于超市，可以优化产品的位置摆放，进行价目表设计、商品促销等；对于电商，可以优化商品所在的仓库位置，达到节约成本、增加经济效益的目的。

Apriori算法是经典的挖掘频繁项集和关联规则的数据挖掘算法。Apriori在拉丁语中指"来自以前"。当定义问题时，通常会使用先验知识或者假设，这被称作"一个先验"。Apriori算法的名字正是基于这样的事实：算法使用频繁项集性质的先验性质，即频繁项集的所有非空子集也一定是频繁的。

1. 基本概念

项与项集：设 itemset＝{item_1, item_2, …, item_m} 是所有项的集合，其中，$item\_k$ $(k=1,2,\cdots,m)$ 称为项。项的集合称为项集（itemset），包含 k 个项的项集称为 k 项集。

事务与事务集：一个事务 T 是一个项集，它是 itemset 的一个子集，每个事务均与一个唯一标识符 TID 相联系。不同的事务一起组成了事务集 D，它构成了关联规则发现的事务数据库。

关联规则：形如 $A => B$ 的蕴涵式，其中 A、B 均为 itemset 的子集且均不为空集，而 $A \cap B$ 为空。

支持度（support）：表示支持的程度。

$$\text{support}(A \Rightarrow B) = P(A \cup B) \tag{14.1}$$

其中，$P(A \cup B)$ 表示事务包含集合 A 和 B 的并（即包含 A 或 B）的概率。

置信度（confidence）：表示 A 出现时 B 是否一定出现，若出现则概率是多少大。

$$\text{confidence}(A \Rightarrow B) = P(B \mid A) = \frac{\text{support\_count}(A \cup B)}{\text{support\_count}(A)} \tag{14.2}$$

项集的出现频度（support_count）：包含项集的事务数，简称项集的频度、支持度计数或计数。

频繁项集：从项集中按照预定义的最小支持度而筛选出来的。当项集大于或等于最小支持度时，即被筛选出来，构成频繁项集。

强关联规则：满足最小支持度和最小置信度的关联规则，即待挖掘的关联规则。

2．算法思想

算法的基本思想是：首先找出所有的频繁项集，这些项集出现的频繁性至少应和预定义的最小支持度一样。由频繁项集产生强关联规则，这些规则应满足最小支持度和最小置信度。为了生成所有频繁项集，使用了递推的方法。

3．算法流程

首先找出所有频繁项集，过程由连接步骤和剪枝步骤互相融合，获得最大频繁项集 L_k。具体方法如下：

（1）对给定的最小支持度阈值，分别对 1 项候选集 C_1，剔除小于该阈值的项集得到 1 项频繁集 L_1。

（2）L_1 自身连接、剪枝产生 2 项候选集 C_2，保留 C_2 中满足最小支持度阈值的项集得到 2 项频繁集 L_2。

（3）L_2 自身连接、剪枝产生 3 项候选集 C_3，保留 C_3 中满足最小支持度阈值的项频繁集 L_3。

（4）循环下去，直到不能得到更大的频繁集 L_k。

然后，由频繁项集产生强关联规则。

连接步骤的说明如下：为找出 L_k，通过 L_{k-1} 与自身连接产生 k 项候选集 C_k。设 L_1 和 L_2 是 L_{k-1} 中的成员，记 $L_i[j]$ 表示 L_i 中的第 j 项。假设 Apriori 算法对事务或项集中的项按字典次序排序，即对于 $(k-1)$ 项集 L_i，$L_i[1] < L_i[2] < \cdots < L_i[k-1]$。将 L_{k-1} 与自身连接，如果 $(L_1[1] = L_2[1]) \&\& (L_1[2] = L_2[2]) \&\& \cdots \&\& (L_1[k-2] = L_2[k-2]) \&\& (L_1[k-1] < L_2[k-1])$，那么认为 L_1 和 L_2 可连接。连接 L_1 和 L_2 产生的结果是 $\{L_1[1], L_1[2], \cdots, L_1[k-1], L_2[k-1]\}$。

例如有两个 3 项集：$\{a,b,c\}$ 和 $\{a,b,d\}$，这两个 3 项集就是可连接的，因为这两个项集都含有相同的前缀 $\{a,b\}$，它们可以连接生成 4 项候选集 $\{a,b,c,d\}$。又如两个 3 项集 $\{a,b,c\}$ 和 $\{a,d,e\}$，这两个 3 项集显然是不能连接的。

剪枝步骤的说明如下：C_k 是 L_k 的超集，也就是说，C_k 的成员可能是频繁的也可能不是频繁的。通过扫描所有的事务（交易），确定 C_k 中每个候选的计数，判断是否小于最小支持度计数，如果不是，则认为该候选是频繁的。为了压缩 C_k，可以利用 Apriori 性质：任一频繁项集的所有非空子集也必须是频繁的，反之，如果某个候选的非空子集不是频繁的，那么该候选肯定不是频繁的，从而可以将其从 C_k 中删除。

例如，某商场的交易记录数据集共有 9 个事务，如表 14-1 所示。

表 14-1　数据集

交易 ID	商品 ID 列表
T100	I1,I2,I5
T200	I2,I4
T300	I2,I3
T400	I1,I2,I4

续表

交易 ID	商品 ID 列表
T500	I1,I3
T600	I2,I3
T700	I1,I3
T800	I1,I2,I3,I5
T900	I1,I2,I3

假设最小支持度计数为 2,利用 Apriori 算法寻找所有的频繁项集的过程如图 14-1 所示。

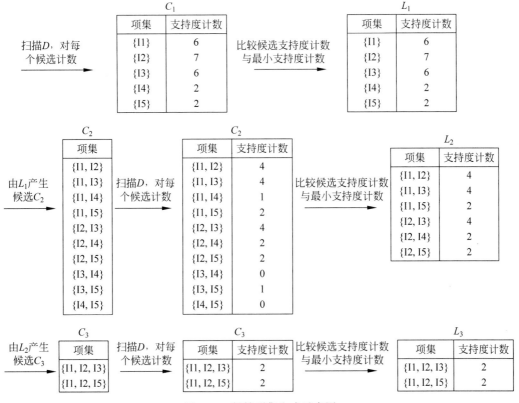

图 14-1 频繁项集生成示意图

C_2 中剔除小于最小支持度计数的项集{I1,I4}、{I3,I4}、{I3,I5}、{I4,I5},得到 2 项集 L_2;C_3 的产生过程:经过 L_2 自身连接,C_3={{I1,I2,I3}、{I1,I2,I5}、{I1,I3,I5}、{I2,I3,I4}、{I2,I3,I5}、{I2,I4,I5}}。根据 Apriori 性质,频繁项集的所有子集也必须是频繁的,可以确定有 4 个候选集{I1,I3,I5}、{I2,I3,I4}、{I2,I3,I5}和{I2,I4,I5}}不可能是频繁的,因为它们存在子集不属于频繁集,因此剪枝步骤将它们从 C_3 中剪掉。例如剪掉的{I1,I3,I5}存在子集{I3,I5},该子集不属于频繁集 L_2。

接下来由频繁项集产生关联规则,关联规则产生步骤如下:

(1) 对于每个频繁项集 L,产生其所有非空真子集;

(2) 对于每个非空真子集 S,如果 support_count(L)/support_count(S)>=min_conf,

则输出 $S \Rightarrow (L-S)$，其中，min_conf 是最小置信度阈值。

在上述例子中，针对频繁集{I1,I2,I5}，可以产生哪些关联规则？该频繁集的非空真子集有{I1,I2}、{I1,I5}、{I2,I5}、{I1 }、{I2}和{I5}，对应置信度如下：

I1,I2⇒I5,confidence=2/4=50%

I1,I5⇒I2,confidence=2/2=100%

I2,I5⇒I1,confidence=2/2=100%

I1⇒I2,I5,confidence=2/6=33%

I2⇒I1,I5,confidence=2/7=29%

I5⇒I1,I2,confidence=2/2=100%

由于规则由频繁项集产生，因此每个规则都自动满足最小支持度。如果最小置信度 min_conf=70%，则强关联规则有 I1,I5⇒I2,I2,I5⇒I1,I5⇒I1,I2。

4. Apriori 算法的优缺点

Apriori 算法的优点是原理简单、易于理解，它使用逐层搜索的方法，通过不断地迭代执行连接和剪枝步骤，大大压缩了数据集，省略了许多不必要的步骤，使得算法更加高效。

Apriori 算法的缺点也是决定该算法效率的两大重要因素：一方面是要不断地扫描事务数据库，高频率的操作大大降低了算法的执行速率；另一方面是在算法迭代时，生成了许多候选集，例如频繁项集有 1000 个，那么执行连接步骤后得到的候选二项集可能会有上百万条，严重影响了算法效率。

14.2 应用举例

视频讲解

【例 14-1】 根据下面一组数据，计算关联规则。

['牛奶','洋葱','肉豆蔻','芸豆','鸡蛋','酸奶'],
['莳萝','洋葱','肉豆蔻','芸豆','鸡蛋','酸奶'],
['牛奶','苹果','芸豆','鸡蛋'],
['牛奶','玉米','芸豆','酸奶'],
['玉米','洋葱','洋葱','芸豆','冰淇淋','鸡蛋']

1. 安装 mlxtend 扩展库，用于关联分析

```
conda install – c conda – forge mlxtend
```

2. 相关的 API

（1）apriori(df, min_support=0.5,
　　　　　 use_colnames=False,
　　　　　 max_len=None)

参数说明如下。

df：数据集。

min_support：给定的最小支持度。

use_colnames：为 False(默认)，则返回的物品组合用编号显示；为 True 则直接显示物品名称。

max_len：最大物品组合数，默认为 None，不做限制。如果只需要计算两个物品组合，便将这个值设置为 2。

（2）association_rules(df, metric＝"confidence"，

min_threshold＝0.8，

support_only＝False)：

参数说明如下。

df：Apriori 计算后的频繁项集。

metric：可选值为['support', 'confidence', 'lift', 'leverage', 'conviction']。里面比较常用的就是'confidence'（置信度）和'support'（支持度）。这个参数和下面的 min_threshold 参数配合使用。

min_threshold：参数类型是浮点型，根据 metric 的不同可选值有不同的范围。

metric＝'support'＝>取值范围为[0, 1]。

metric＝'confidence'＝>取值范围为[0, 1]。

metric＝'lift'＝>取值范围为[0, inf]。

support_only：默认为 False。仅计算有支持度的项集，若缺失支持度则用 NaN 填充。

3. 代码实现

```
import pandas as pd
from mlxtend.preprocessing import TransactionEncoder
from mlxtend.frequent_patterns import apriori
from mlxtend.frequent_patterns import association_rules
# 设置数据集
dataset = [['牛奶','洋葱','肉豆蔻','芸豆','鸡蛋','酸奶'],
          ['莳萝','洋葱','肉豆蔻','芸豆','鸡蛋','酸奶'],
          ['牛奶','苹果','芸豆','鸡蛋'],
          ['牛奶','玉米','芸豆','酸奶'],
          ['玉米','洋葱','洋葱','芸豆','冰淇淋','鸡蛋']]
te = TransactionEncoder()
# 进行 one-hot 编码
te_ary = te.fit(dataset).transform(dataset)
df = pd.DataFrame(te_ary, columns = te.columns_)
# 利用 Apriori 找出频繁项集
freq = apriori(df, min_support = 0.05, use_colnames = True)
print(freq)
# 计算关联规则，找出置信度大于 0.6 的关联规则
result = association_rules(freq, metric = "confidence", min_threshold = 0.6)
print(result)
# 按照置信度从高到低排序
result1 = result.sort_values(by = 'confidence', ascending = False, axis = 0)
print(result1)
```

部分输出结果如图 14-2 所示。

说明：

mlxtend 使用了 DataFrame 方式来描述关联规则，而不是⇒符号，其中：

antecedents：规则先导项。

```
        antecedents              consequents  antecedent support  \
0          (冰淇淋)                     (洋葱)                  0.2
1          (冰淇淋)                     (玉米)                  0.2
2          (冰淇淋)                     (芸豆)                  0.2
3          (冰淇淋)                     (鸡蛋)                  0.2
4          (肉豆蔻)                     (洋葱)                  0.4
5           (洋葱)                     (肉豆蔻)                  0.6
6           (芸豆)                      (洋葱)                  1.0
7           (洋葱)                      (芸豆)                  0.6
8           (莳萝)                      (洋葱)                  0.2

   consequent support  support  confidence      lift  leverage  conviction
0                 0.6      0.2    1.000000  1.666667      0.08         inf
1                 0.4      0.2    1.000000  2.500000      0.12         inf
2                 1.0      0.2    1.000000  1.000000      0.00         inf
3                 0.8      0.2    1.000000  1.250000      0.04         inf
4                 0.6      0.4    1.000000  1.666667      0.16         inf
5                 0.4      0.4    0.666667  1.666667      0.16    1.800000
6                 0.6      0.6    0.600000  1.000000      0.00    1.000000
7                 1.0      0.6    1.000000  1.000000      0.00         inf
8                 0.6      0.2    1.000000  1.666667      0.08         inf
```

图 14-2　部分输出结果

consequents：规则后继项。

antecedent support：规则先导项支持度。

consequent support：规则后继项支持度。

support：规则支持度（前项后项并集的支持度）。

confidence：规则置信度（规则置信度：规则支持度/规则先导项）。

lift：规则提升度，表示含有先导项条件下同时含有后继项的概率，与后继项总体发生的概率之比。提升度大于 1 且越高表明先导项和后继项正相关性越高。

leverage：规则杠杆率，表示当先导项与后继项独立分布时，先导项与后继项一起出现的次数比预期多多少。

$$leverage(A{\Rightarrow}B) = support(A{\Rightarrow}B) - support(A) * support(B)$$

conviction：规则确信度，与提升度类似，但用差值表示。

$$conviction(A{\Rightarrow}B) = (1 - support(B))/(1 - confidence(A{\Rightarrow}B))$$

确信度值越大，则先导项与后继项的关联性越强。

输出结果共有 694 条关联规则，可以发现，{洋葱⇒鸡蛋,芸豆}的置信度是 1.00，而它们的提升度是 1.25。这说明买了洋葱的人很可能会再购买 1.25 份的{鸡蛋,芸豆}，所以可以将它们放到一起出售。

习　　题

使用 Apriori 算法计算课程关联规则。数据集如表 14-2 所示。

表 14-2　课程数据集

Python 爬虫	机器学习	数据分析	PHP	Spark	Java
1	1	1	1	1	1
0	1	0	1	1	1
1	0	0	0	0	0
1	0	1	0	0	0

续表

Python 爬虫	机器学习	数据分析	PHP	Spark	Java
1	1	1	0	0	0
0	0	1	0	0	0
1	1	0	0	0	0
1	0	0	0	1	1
0	0	1	1	0	1
1	1	0	0	0	0

第15章

数据分析与挖掘项目实战

15.1 贷款预测问题

下面介绍贷款数据的预测分析,通过分析申请人的哪些条件对贷款有影响,并预测哪些客户更容易获得银行贷款。数据集包含 614 行 13 列数据。数据集有如下特征。

Loan_ID:贷款人 ID。

Gender:性别(Male,Female)。

ApplicantIncome:申请人收入。

Coapplicant Income:合作申请人收入。

Credit_History:信用记录。

Dependents:亲属人数。

Education:教育程度。

LoanAmount:贷款额度。

Loan_Amount_Term:贷款时长。

Loan_Status:贷款状态(Y,N)。

Married:婚姻状况(N,Y)。

Property_Area:所在区域,包括城市地区、半城区和农村地区。

Self_Employed:职业状况,是自雇还是非自雇。

15.1.1 数据导入及查看

```
import numpy as np
import pandas as pd
import matplotlib.pyplot as plt
import seaborn as sns
% matplotlib inline
```

1. 导入数据

```
df = pd.read_csv('train.csv')
df.shape
Out[]: (614,13)
```

2. 使用 describe()函数来查看数值字段的概要

```
df.describe()          # 输出结果如图 15-1 所示
```

	ApplicantIncome	CoapplicantIncome	LoanAmount	Loan_Amount_Term	Credit_History
count	614.000000	614.000000	592.000000	600.00000	564.000000
mean	5403.459283	1621.245798	146.412162	342.00000	0.842199
std	6109.041673	2926.248369	85.587325	65.12041	0.364878
min	150.000000	0.000000	9.000000	12.00000	0.000000
25%	2877.500000	0.000000	100.000000	360.00000	1.000000
50%	3812.500000	1188.500000	128.000000	360.00000	1.000000
75%	5795.000000	2297.250000	168.000000	360.00000	1.000000
max	81000.000000	41667.000000	700.000000	480.00000	1.000000

图 15-1　describe()输出结果

通过查看数据概要可知:

(1) LoanAmount 有 22(614-592)个缺失值。

(2) Loan_Amount_Term 有 14(614-600)个缺失值。

(3) Credit_History 有 50(614-564)个缺失值。

(4) 有 84%的申请者有 Credit_History(1 表示有,0 表示没有)。

接下来,熟悉基本数据特征,研究各种变量的分布。

3. ApplicantIncome 的频率分布直方图

```
df['ApplicantIncome'].hist(bins = 40)        # 直方图如图 15-2 所示
```

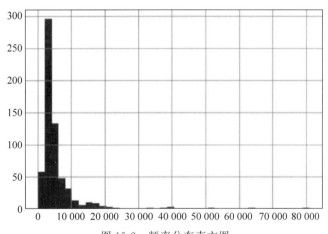

图 15-2　频率分布直方图

在这里,观察到极少数极值。接下来,查看箱形图以了解分布。

4. 查看数字变量 ApplicantIncome

```
df.boxplot(column = 'ApplicantIncome')        # 箱形图如图 15-3 所示
```

可以看出出现了大量的离群值/极值,这可归因于社会上的收入差距。可以根据教育水平、性别等分组再查看箱形图。

```
df.boxplot(column = 'ApplicantIncome', by = 'Education')
# 根据教育水平分组的箱形图如图 15-4 所示
```

可以看到,毕业生和非毕业生的平均收入之间没有实质性的差异。但是有更多的高收

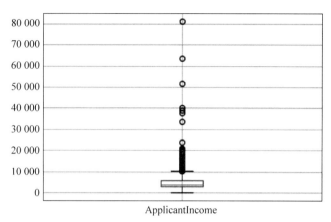

图 15-3　箱形图

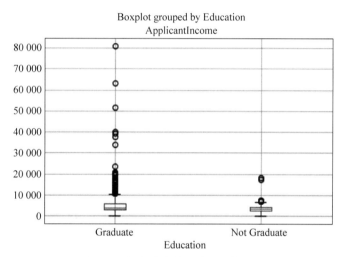

图 15-4　根据教育水平分组的箱形图

入毕业生,这似乎是异常值。

5. LoanAmount 的直方图和箱形图

```
df['LoanAmount'].hist(bins = 50)          # 如图 15-5 所示
```

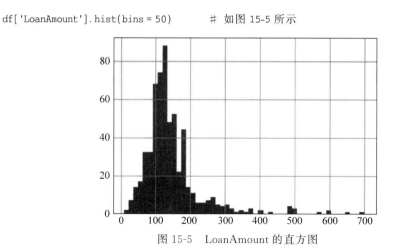

图 15-5　LoanAmount 的直方图

```
df.boxplot(column = 'LoanAmount')          # 如图 15-6 所示
```

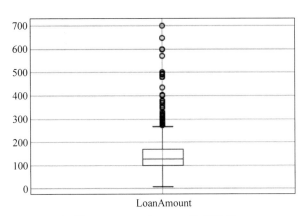

图 15-6　LoanAmount 的箱形图

可以看出，LoanAmount 有缺失值并且具有极值。

6. 分类变量分析

```
temp1 = df['Credit_History'].value_counts(ascending = True)
temp2 = df.pivot_table(values = 'Loan_Status', index = ['Credit_History'], aggfunc = lambda x:x.
map({'Y':1,'N':0}).mean())
print('Frequency Table for Credit History:')
print(temp1)
print('\nProbility of getting loan for each Credit History class:')
print(temp2)
```

输出结果：

```
Frequency Table for Credit History:
0.0    89
1.0    475
Name: Credit_History, dtype: int64
Probility of getting loan for each Credit History class:
                Loan_Status
Credit_History
0.0             0.078652
1.0             0.795789
```

结果表明，如果申请人有一个有效的信用记录，获得贷款的机会远高于没有信用记录的人。下面绘制条形图，如图 15-7 所示。

```
fig = plt.figure(figsize = (8,4))
ax1 = fig.add_subplot(121)
ax1.set_xlabel('Credit_History')
ax1.set_ylabel('Count of Applicants')
ax1.set_title("Applicants by Credit_History")
temp1.plot(kind = 'bar')
ax2 = fig.add_subplot(122)
# temp2.plot(kind = 'bar')
plt.bar(temp2.index, temp2['Loan_Status'])
```

```
ax2.set_xlabel('Credit_History')
ax2.set_ylabel('Probability of getting loan')
ax2.set_title("Probability of getting loan by credit history")
```

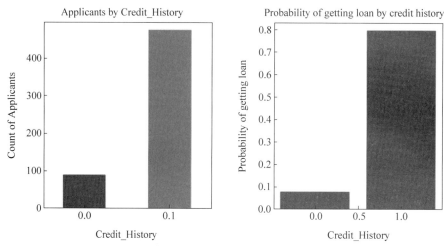

图 15-7　信用记录对贷款的影响

这表明，如果申请人有有效的信用记录，获得贷款的机会是没有有效的信用记录者的 8 倍。您可以通过婚姻状况、职业状况、所在区域等绘制类似的图表。

或者，这两个图也可以通过在堆叠图表中组合来可视化，如图 15-8 所示。

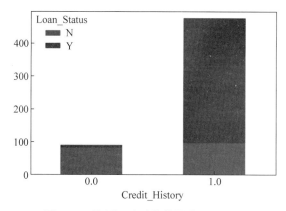

图 15-8　信用记录对贷款影响的堆叠图

```
temp3 = pd.crosstab(df['Credit_History'],df['Loan_Status'])
temp3.plot(kind = 'bar',stacked = True,color = ['red','blue'],grid = False)
Married = pd.crosstab(df['Married'],df['Loan_Status'])
Married.plot(kind = "bar", stacked = True)
Self_Employed = pd.crosstab(df['Self_Employed'],df['Loan_Status'])
Self_Employed.plot(kind = "bar", stacked = True)
Property_Area = pd.crosstab(df['Property_Area'],df['Loan_Status'])
Property_Area.plot(kind = "bar", stacked = True)
```

同理，可以看出，已婚客户、非自雇、半城区也更容易获得贷款，如图 15-9、图 15-10 所示。

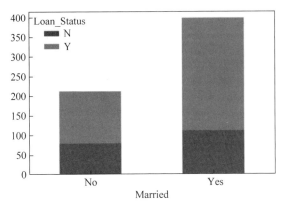

图 15-9 婚姻状况对贷款的影响

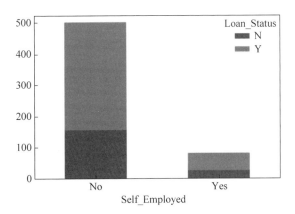

图 15-10 职业状况对贷款的影响

在图 15-8 中加入性别变量,如图 15-11 所示。

```
temp4 = pd.crosstab([df['Credit_History'],df['Gender']],df['Loan_Status'])
temp4.plot(kind = 'bar',stacked = True,color = ['red','blue'],grid = False)
```

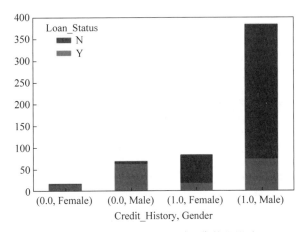

图 15-11 信用记录和性别对贷款的影响

15.1.2　数据预处理

以下是已经知道的问题：

（1）某些变量中缺少值。应该根据缺失值的数量和变量的预期重要性来明智地估计这些值。

（2）在查看分布时，看到 ApplicantIncome 和 LoanAmount 似乎在两端都包含极值。虽然它们可能具有直观意义，但应该得到恰当的对待。

除了数字字段的这些问题外，还应该查看非数字字段，例如 Gender、Property_Area、Married、Education 和 Dependents，看它们是否包含有用的信息。

1. 缺失值处理

```
df.isnull().sum()          # 结果如图 15-12 所示
```

```
Out[32]:   Loan_ID              0
           Gender              13
           Married              3
           Dependents          15
           Education            0
           Self_Employed       32
           ApplicantIncome      0
           CoapplicantIncome    0
           LoanAmount          22
           Loan_Amount_Term    14
           Credit_History      50
           Property_Area        0
           Loan_Status          0
           dtype: int64
```

图 15-12　查看缺失值

尽管缺失值的数量不是很多，但是很多列都有缺失值，并且应该估算这些值中的每一个并将其添加到数据中。此处填充缺失值的方法如下：

（1）对于数值变量，使用均值或中位数进行插补。

（2）对于分类变量，使用常见众数进行插补，这里主要使用众数进行插补空值。

```
df['Gender'].fillna(df['Gender'].value_counts().idxmax(), inplace = True)
df['Married'].fillna(df['Married'].value_counts().idxmax(), inplace = True)
df['Dependents'].fillna(df['Dependents'].value_counts().idxmax(), inplace = True)
df['Self_Employed'].fillna(df['Self_Employed'].value_counts().idxmax(), inplace = True)
df["LoanAmount"].fillna(df["LoanAmount"].mean(skipna = True), inplace = True)
df['Loan_Amount_Term'].fillna(df['Loan_Amount_Term'].value_counts().idxmax(), inplace = True)
df['Credit_History'].fillna(df['Credit_History'].value_counts().idxmax(), inplace = True)
df.info()          # 查看是否存在缺失值
```

运行结果如下：

```
< class 'pandas.core.frame.DataFrame'>
RangeIndex: 614 entries, 0 to 613
Data columns (total 13 columns):
Loan_ID              614 non - null object
Gender               614 non - null object
Married              614 non - null object
Dependents           614 non - null object
```

```
Education              614 non-null object
Self_Employed          614 non-null object
ApplicantIncome        614 non-null int64
CoapplicantIncome      614 non-null float64
LoanAmount             614 non-null float64
Loan_Amount_Term       614 non-null float64
Credit_History         614 non-null float64
Property_Area          614 non-null object
Loan_Status            614 non-null object
dtypes: float64(4), int64(1), object(8)
memory usage: 62.4+ KB
```

可以看到数据集中已填充所有缺失值,没有缺失值存在。

2. 异常值处理

先分析 LoanAmount。由于极端值实际上是可能出现的,即某些人可能因特定需求而申请高价值贷款。因此,不要将它们视为异常值,而是尝试进行对数转换以消除它们的影响。

```
df['LoanAmount_log'] = np.log(df['LoanAmount'])
df['LoanAmount_log'].hist(bins = 20)        # 如图 15-13 所示
```

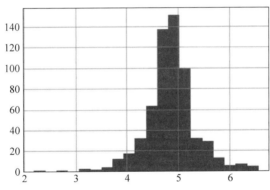

图 15-13　LoanAmount 的直方图

现在分布看起来更接近正常,极端值的影响已经显著消退。

来看申请人的收入。一种直觉可能是一些申请人的收入较低但是合作申请人的支持很强。因此,将两种收入合并为总收入并对其进行对数转换可能是一个好主意。

```
df['TotalIncome'] = df['ApplicantIncome'] + df['CoapplicantIncome']
df['TotalIncome_log'] = np.log(df['TotalIncome'])
```

15.1.3　建立预测模型

首先,因为 Scikit-learn 要求所有输入都是数字,所以应该通过编码类别将所有分类变量都转换为数字。

```
from sklearn.preprocessing import LabelEncoder
var_mod = ['Gender','Married','Dependents','Education','Self_Employed','Property_Area','Loan_Status']
le = LabelEncoder()
```

```
for i in var_mod:
    df[i] = le.fit_transform(df[i])
df.dtypes
```

输出结果如图 15-14 所示。

```
Loan_ID              object
Gender               int64
Married              int64
Dependents           int64
Education            int64
Self_Employed        int64
ApplicantIncome      int64
CoapplicantIncome    float64
LoanAmount           float64
Loan_Amount_Term     float64
Credit_History       float64
Property_Area        int64
Loan_Status          int64
LoanAmount_log       float64
TotalIncome          float64
TotalIncome_log      float64
dtype: object
```

图 15-14 查看字段的类型

其次，导入所需的模块，然后定义一个通用的分类函数，它需要一个模型作为输入，并确定准确性和交叉验证分数。

```
# 导入相关模块
from sklearn.linear_model import LogisticRegression
from sklearn.cross_validation import KFold
from sklearn.ensemble import RandomForestClassifier
from sklearn.tree import DecisionTreeClassifier, export_graphviz
from sklearn import metrics
# 用于制作分类模型和访问性能的通用函数
def classification_model(model, data, predictors, outcome):
    # 训练模型
    model.fit(data[predictors],data[outcome])
    # 测试数据
    predictions = model.predict(data[predictors])
    # 打印精度
    accuracy = metrics.accuracy_score(predictions,data[outcome])
    print ("Accuracy : %s" % "{0:.3%}".format(accuracy))
    # 用 5 倍进行 k 倍交叉验证
    kf = KFold(data.shape[0], n_folds = 5)
    error = []
    for train, test in kf:
        # 过滤测试数据
        train_predictors = (data[predictors].iloc[train,:])
        # 用来训练算法的目标
        train_target = data[outcome].iloc[train]
        # 使用预测变量和目标训练算法
        model.fit(train_predictors, train_target)
        # 记录每次交叉验证运行的错误
        error.append(model.score(data[predictors].iloc[test,:], data[outcome].iloc[test]))
    print ("Cross-Validation Score : %s" % "{0:.3%}".format(np.mean(error)))
    model.fit(data[predictors],data[outcome])
```

1. Logistic 回归

把所有变量代入模型,但这可能导致过度拟合。可以很容易地做一些直观的假设再将变量开始代入模型。获得贷款的可能性会更高的因素如下。

(1) 申请人有一个好的信用记录。

(2) 高收入的申请人。

(3) 更高的教育水平。

(4) 区域在城市和半城市。

第一个模型与"Credit_History":

```
outcome_var = 'Loan_Status'
model = LogisticRegression()
predictor_var = ['Credit_History']
classification_model(model, df,predictor_var,outcome_var)
```

运行结果如下:

```
Accuracy:  80.945 %
Cross - Validation  Score: 80.488 %
Cross - Validation  Score: 78.455 %
Cross - Validation  Score: 79.133 %
Cross - Validation  Score: 80.691 %
Cross - Validation  Score: 80.946 %
```

可以尝试不同的组合的变量。

```
predictor_var = ['Credit_History','Education','Married','Self_Employed','Property_Area']
classification_model(model, df,predictor_var,outcome_var)
```

运行结果如下:

```
Accuracy : 80.945 %
Cross - Validation Score : 80.488 %
Cross - Validation Score : 78.455 %
Cross - Validation Score : 79.133 %
Cross - Validation Score : 80.691 %
Cross - Validation Score : 80.946 %
```

通常期望在添加变量时增加准确性。但这是一个更具挑战性的案例。准确性和交叉验证得分不会受到不太重要的变量的影响。

2. 决策树

决策树是另一种方法,需要做一个预测模型。众所周知,它比 Logistic 回归模型精度高。

```
model = DecisionTreeClassifier()
predictor_var = ['Credit_History','Gender','Married','Education']
classification_model(model,df,predictor_var,outcome_var)
```

运行结果如下:

```
Accuracy:  80.945 %
Cross - Validation  Score: 80.488 %
```

```
Cross - Validation   Score: 78.455 %
Cross - Validation   Score: 79.133 %
Cross - Validation   Score: 80.691 %
Cross - Validation   Score: 80.946 %
```

在这里，基于分类变量的模型无法产生影响，因为信用历史主导着它们。尝试一些数值变量：

```
predictor_var = ['Credit_History','Loan_Amount_Term','LoanAmount_log']
classification_model(model, df,predictor_var,outcome_var)
```

运行结果如下：

```
Accuracy : 89.414 %
Cross - Validation Score : 70.732 %
Cross - Validation Score : 70.325 %
Cross - Validation Score : 69.648 %
Cross - Validation Score : 69.919 %
Cross - Validation Score : 68.722 %
```

在这里，观察到虽然增加变量的准确性上升，但交叉验证得分却下降了。这是模型过度拟合数据的结果。

3. 随机森林

随机森林是另一个解决分类问题的算法。

随机森林的一个优点是可以使它适用于所有功能，并返回一个功能重要性矩阵，可用于选择功能。

```
model = RandomForestClassifier(n_estimators = 100)
predictor_var = ['Gender', 'Married', 'Dependents', 'Education',
        'Self_Employed', 'Loan_Amount_Term', 'Credit_History', 'Property_Area', 'LoanAmount_
log','TotalIncome_log']
classification_model(model, df,predictor_var,outcome_var)
```

运行结果如下：

```
Accuracy : 100.000 %
Cross - Validation Score : 76.423 %
Cross - Validation Score : 74.390 %
Cross - Validation Score : 75.610 %
Cross - Validation Score : 76.829 %
Cross - Validation Score : 77.529 %
```

在这里，看到训练集的精度是100%。这是最终的过度拟合的例子，可以通过以下两种方式解决：

（1）减少数量的预测。

（2）优化模型参数。

查看各字段的重要性，如图 15-15 所示。

```
featimp = pd.Series(model.feature_importances_, index = predictor_var).sort_values(ascending =
False)
```

```
Credit_History      0.265514
TotalIncome_log     0.258798
LoanAmount_log      0.232522
Property_Area       0.054032
Dependents          0.051776
Loan_Amount_Term    0.043892
Married             0.026100
Education           0.025101
Gender              0.022844
Self_Employed       0.019420
dtype: float64
```

图 15-15　各字段的重要性

使用前 5 个变量来创建模型，此外，修改随机森林模型的参数。

```
model = RandomForestClassifier(n_estimators = 25, min_samples_split = 25, max_depth = 7, max_
features = 1)
predictor_var = ['TotalIncome_log', 'Credit_History', 'Dependents', 'Loan_Amount_Term', 'Property
_Area']
classification_model(model, df, predictor_var, outcome_var)
```

运行结果如下：

```
Accuracy : 82.410 %
Cross - Validation Score : 79.675 %
Cross - Validation Score : 78.049 %
Cross - Validation Score : 78.862 %
Cross - Validation Score : 80.081 %
Cross - Validation Score : 80.786 %
```

注意，虽然准确性降低了，但交叉验证得分正在提高，表明该模型已经很好地推广。

15.2　客户流失率问题

客户流失率问题是电信运营商面临的一个重要课题，也是一个较为流行的案例。根据测算，招揽新的客户比保留住既有客户的花费大得多（通常 5～20 倍的差距）。因此，如何保留住现在的客户对运营商而言是一项非常有意义的事情。本节通过一个公开数据的客户流失率问题分析，介绍如何在实际中应用数据挖掘预测算法。

当然，实际的场景比本节例子复杂得多，如果想具体应用到项目中，还需要针对不同的场景和数据进行具体的分析。

从机器学习的分类来讲，这是一个监督问题中的分类问题。具体来说，这是一个二分类问题。所有的数据中包括一些特征，最后就是它的分类：流失或者在网。接下来就开始具体的处理。

首先导入数据，然后查看数据的基本情况。

15.2.1　数据导入及查看

通过 Pandas 导入 CSV 文件，然后查看数据的基本情况。

```
from __future__ import division
import pandas as pd
```

```
import numpy as np
ds = pd.read_csv('./churn.csv')
col_names = ds.columns.tolist()
print("Column names:")
print(col_names)
print(ds.shape)
```

运行结果如下：

```
Column names:
[ 'State', 'Account Length', 'Area Code', 'Phone', "Int'l Plan", 'VMail Plan', 'VMail Message',
'Day Mins', 'Day Calls', 'Day Charge', 'Eve Mins', 'Eve Calls', 'Eve Charge', 'Night Mins', 'Night
Calls', 'Night Charge', 'Intl Mins', 'Intl Calls', 'Intl Charge', 'CustServ Calls', 'Churn?']
( 3333, 21)
```

可以看到，整个数据集有3333条数据，20个维度，最后一项'Churn?'是分类。

1. 查看数据基本信息以及类型

可以打印一些数据，以对数据和取值有一个基本的理解。

```
ds.head()
```

可以看到，数据集有21项特征，分别是州名、账户长度、区号、电话号码、国际计划、VMail计划、语音邮箱、白天通话分钟数、白天电话个数、白天收费、晚间通话分钟数、晚间电话个数、晚间收费、夜间通话分钟数、夜间电话个数、夜间收费、国际分钟数、国际电话个数、国际收费、打客服电话数和流失与否。

可以看到这里有个人信息，可以看到有些信息与流失与否关系不大。如州名、区号、账户长度、电话号码等，这些列可以删除。

```
ds.info()    # 查看数据类型
```

数据类型有int、float、object。对于不是数据型的数据，除非决策树等算法，否则应该会转换为数据行。所以把"churn?"结果转换为0、1，以及"Int'l Plan"和"VMail Plan"，这两个参数只有yes、no两种，所以也转换为0、1值。

```
ds.describe()    # 描述性统计
```

2. 图形化理解数据

之前的一些信息只是一些很初步的理解，但是对于机器学习算法来讲是不够的。下面从几个维度去进一步理解数据。可以用数字表格，也可以用图形（Matplotlib）。这里画图较多，其中包括特征本身的信息、特征和分类之间的关系、特征和特征之间的关系。

有些关系并没有直接应用于算法本身，但是在进一步的算法提升中是很有意义的，这里更多的是一种展示。

1）特征本身的信息

先来看一下流失比例，以及打客服电话数分布。

```
import matplotlib.pyplot as plt
% matplotlib inline
fig = plt.figure()
```

```
fig.set(alpha = 0.2)                # 设定图表颜色 alpha 参数
plt.subplot2grid(( 2, 3),( 0, 0))   # 在一张大图中分列几个小图
ds[ 'Churn?'].value_counts().plot(kind = 'bar')
plt.title("stat for churn")
plt.ylabel("number")
plt.subplot2grid(( 2, 3),( 0, 2))
ds[ 'CustServ Calls'].value_counts().plot(kind = 'bar')
plt.title("stat for cusServCalls")
plt.ylabel("number")
plt.show()
```

结果如图 15-16 所示。

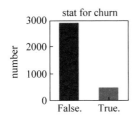 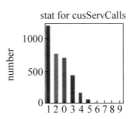

图 15-16　流失比例以及打客服电话数分布

然后，数据的特点是对白天、晚上、夜间、国际都有分钟数、电话数、收费三种维度，以白天为例。

```
import matplotlib.pyplot as plt
% matplotlib inline
fig = plt.figure()
fig.set(alpha = 0.2)                # 设定图表颜色 alpha 参数
plt.subplot2grid(( 2, 5),( 0, 0))   # 在一张大图中分列几个小图
ds[ 'Day Mins'].plot(kind = 'kde')
plt.xlabel( "Mins")
plt.ylabel( "density")
plt.title( "dis for day mins")
plt.subplot2grid(( 2, 5),( 0, 2))
ds[ 'Day Calls'].plot(kind = 'kde')
plt.xlabel( "call")
plt.ylabel( "density")
plt.title( "dis for day calls")
plt.subplot2grid(( 2, 5),( 0, 4))
ds[ 'Day Charge'].plot(kind = 'kde')
plt.xlabel( "Charge")
plt.ylabel( "density")
plt.title( "dis for day charge")
plt.show()
```

结果如图 15-17 所示。

可以看到基本上都是高斯分布，这也符合预期，而高斯分布对于后续的一些算法处理是一个好消息。

2）特征和分类的关联

看一下一些特征（如国际计划）和分类之间的关联。

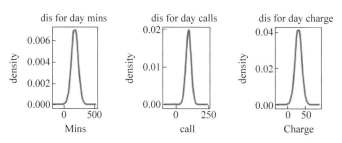

图 15-17　分钟数、电话数以及收费三种维度的密度分布

```python
import matplotlib.pyplot as plt
fig = plt.figure()
fig.set(alpha = 0.2)                 # 设定图表颜色 alpha 参数
int_yes = ds['Churn?'][ds["Int'l Plan"] == 'yes'].value_counts()
int_no = ds['Churn?'][ds["Int'l Plan"] == 'no'].value_counts()
df_int = pd.DataFrame({'int plan':int_yes, 'no int plan':int_no})
df_int.plot(kind = 'bar', stacked = True)
plt.title("statistic between int plan and churn")
plt.xlabel("int or not")
plt.ylabel("number")
plt.show()
```

结果如图 15-18 所示。

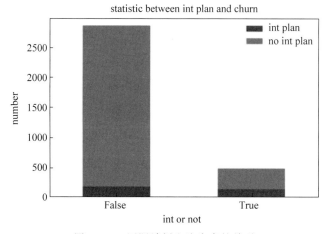

图 15-18　国际计划和流失率的关系

可以看到，有国际计划的流失率较高。猜测也许他们有更多的选择，或者对服务有更多的要求，需要特别对待。

3）查看客户服务电话和结果两个特征的关联

```python
fig = plt.figure()
fig.set(alpha = 0.2)                 # 设定图表颜色 alpha 参数
cus_0 = ds['CustServ Calls'][ds['Churn'] == 'False.'].value_counts()
cus_1 = ds['CustServ Calls'][ds['Churn'] == 'True.'].value_counts()
df = pd.DataFrame({'churn':cus_1, 'retain':cus_0})
df.plot(kind = 'bar', stacked = True)
```

```
plt.title( "Static between customer service call and churn")
plt.xlabel("Call service")
plt.ylabel("Num")
plt.show()
```

结果如图 15-19 所示。

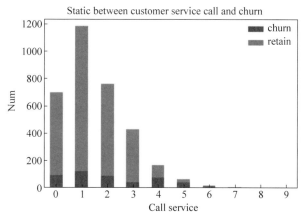

图 15-19　客服电话和流失率的关系

基本上可以看出，打客服电话的多少和最终的分类是强相关的，打电话 3 次以上的流失率比例急速升高。这是一个非常关键的指标。

15.2.2　数据预处理

1. 去除无关列，转换数据类型

```
ds_result = ds[ 'Churn?']
Y = np. where(ds_result == 'True.', 1, 0)
dummies_int = pd.get_dummies(ds["Int'l Plan"], prefix = 'intPlan')
dummies_voice = pd.get_dummies(ds['VMail Plan'], prefix = 'VMail')
ds_tmp = pd.concat([ds, dummies_int, dummies_voice], axis = 1)
# We don 'tneed these columns
to_drop = [ 'State','Area Code', 'Phone','Churn?', "Int'l Plan",'VMail Plan']
df = ds_tmp.drop(to_drop, axis = 1)
df.head(5)
```

由结果可以看出，所有的数据都是数值型的，而且去除没有意义的列。

2. 特征的取值归一化

```
X = df.values.astype(np.float)
from sklearn.preprocessing import StandardScaler
scaler = StandardScaler()
X = scaler.fit_transform(X)
```

15.2.3　建立预测模型

```
from sklearn import linear_model,neighbors,tree,svm,naive_bayes,ensemble
from sklearn import metrics
```

```python
from sklearn.model_selection import train_test_split,cross_val_score
models = []
models.append(( 'LR', linear_model.LogisticRegression()))
models.append(( 'KNN', neighbors.KNeighborsClassifier()))
models.append(( 'CART', tree.DecisionTreeClassifier()))
models.append(( 'NB', naive_bayes.GaussianNB()))
models.append(( 'SVM', svm.SVC(probability = True)))
models.append(( 'RFC',ensemble.RandomForestClassifier()))from sklearn.mod-n
results = []
names = []
scoring = 'accuracy'
for name, model in models:
    cv_results = cross_val_score(model, X, Y, cv = 5, scoring = scoring)
    results.append(cv_results)
    names.append(name)
    msg = " % s: % f (方差: % f)" % (name, cv_results.mean(), cv_results.std())
    print(msg)
```

运行结果如下：

```
LR: 0.861089 (方差: 0.005829)
KNN: 0.895292 (方差: 0.006358)
CART: 0.916889 (方差: 0.009148)
NB: 0.858088 (方差: 0.009488)
SVM: 0.918394 (方差: 0.010138)
RFC: 0.950196 (方差: 0.006242)
# 画图比较各种算法
import matplotlib.pyplot as plt
% matplotlib inline
fig = plt.figure()
fig.suptitle( 'Algorithm Comparison')
ax = fig.add_subplot(111)    # "111"表示"1 × 1 网格,第 1 幅子图"
plt.boxplot(results)
ax.set_xticklabels(names)
plt.show()
```

结果如图 15-20 所示。

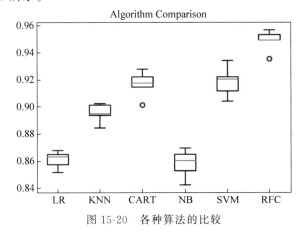

图 15-20　各种算法的比较

可以看到 RFC、SVM、CART 效果相对较好。

1. 评估指标的选择

各种分类评估指标各有优缺点,具体采用什么指标来评估分类模型,关键还在于具体应用。在本例中,不能仅仅看准确率,更关心召回率,即正确预测流失的个数占所有流失个数的比例是应关心的,类似情形还有地震、癌症、欺诈交易等。宁愿有误报,也不能错过一个,这时就主要看召回率。

如果是文档搜索,并不关心搜得全不全,搜出来的都是想要的信息就够了,那么就主要看精确率。

所以,接下来求出所有算法的召回率并画图比较。

```python
from sklearn.model_selection import train_test_split
X_train, X_test, Y_train, Y_test = train_test_split(X, Y, test_size = 0.33, random_state = 7)
from sklearn import metrics
plt.rcParams['font.sans - serif'] = ['SimHei']
recalls = []
for name, model in models:
    model.fit(X_train, Y_train)
    predict = model.predict(X_test)
    recall = metrics.recall_score(Y_test, predict)
    recalls.append(recall)
plt.bar(names, recalls)
plt.title('召回率比较')
plt.show()
```

结果如图 15-21 所示。

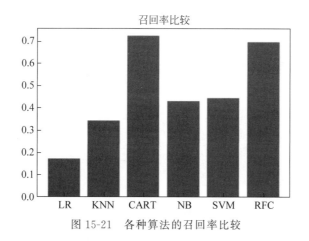

图 15-21 各种算法的召回率比较

可以看到 CART 效果相对最好。

2. 评估不同的模型

各个模型的评估指标求法都差不多,所以建立一个评估函数,一次性求出这些值。下面定义 4 个函数:单个模型评估数值指标函数如图 15-22 所示;所有模型的集合评估数值指标函数如图 15-23 所示;单个模型 ROC 曲线函数如图 15-24 所示;所有的 ROC 曲线函数如图 15-25 所示。

```
def evaluate(re, x_test, y_test):
    r = re.score(x_test, y_test)        # 准确率
    y_pred = re.predict(x_test)         # 测试数据预测值
    cmat=metrics.confusion_matrix(y_test, y_pred)   # 混淆矩阵
    y_scores=re.predict_proba(x_test)   # 第二列为此值为1的概率
    y_scores=y_scores[:,1]              # 这里只需要预测为1的概率
    recall=metrics.recall_score(y_test, y_pred)         # 查全率/召回率
    precision=metrics.precision_score(y_test, y_pred)   # 查准率/精确率
    F1=metrics.f1_score(y_test, y_pred)
    auc=metrics.roc_auc_score(y_test, y_scores)  # auc值
    return r, recall, precision, F1, auc
```

图 15-22　单个模型评估数值指标函数

```
def evaluateAll(models, x_test, y_test):
    length=len(models)  # 模型个数
    r=np.zeros((length)); recall=np.zeros((length)); precision=np.zeros((length))
    F1=np.zeros((length)); auc=np.zeros((length))
    evaluates=np.zeros((length, 5))     # 装所有的指标
    for i in range(length):
        r[i], recall[i], precision[i], F1[i], auc[i]=evaluate(models[i], x_test, y_test)
        evaluates[i][0]=r[i]; evaluates[i][1]=recall[i]; evaluates[i][2]=precision[i]
        evaluates[i][3]=F1[i]; evaluates[i][4]=auc[i];
    return r, recall, precision, F1, auc, evaluates
```

图 15-23　所有模型的集合评估数值指标函数

```
def drawROC(re, x_test, y_test, title):
    y_scores=re.predict_proba(x_test)  # 预测出来的得分，有两列：第一列为此值为0的概率；第二列为此值为1的概率
    y_scores=y_scores[:,1]             # 这里只需要预测为1的概率
    fpr, tpr, thresholds=metrics.roc_curve(y_test, y_scores, pos_label=None, sample_weight=None, drop_intermediate=True)
    auc=metrics.auc(fpr, tpr)
    plt.plot(fpr, tpr, marker = 'o', label='AUC: {a:0.2f}'.format(a=auc))
    plt.legend(loc="lower right")
    plt.xlabel('False Positive Rate')
    plt.ylabel('True Positive Rate')
    plt.title(title)
    plt.show()
```

图 15-24　单个模型 ROC 曲线函数

```
def drawAllROC(models, models_name, x_test, y_test, title):     #画所有的ROC曲线
    nums=len(models)  #模型个数
    y_scores0=[]
    y_scores=[]
    for i in range(nums):
        y_scores0.append(models[i].predict_proba(x_test))
        y_scores.append(y_scores0[i][:,1])     #这里只需要预测为1的概率
    fpr0, tpr0, thresholds0=metrics.roc_curve(y_test, y_scores[0], pos_label=None, sample_weight=None, drop_intermediate=True)
    fpr=[]
    tpr=[]
    thresholds=[]
    auc=[]
    plt.figure()
    plt.plot([0, 1], [0, 1], color='navy', lw=2, linestyle='--')
    for i in range(nums):
        fpr.append((metrics.roc_curve(y_test, y_scores[i], pos_label=None, sample_weight=None, drop_intermediate=True))[0])
        tpr.append((metrics.roc_curve(y_test, y_scores[i], pos_label=None, sample_weight=None, drop_intermediate=True))[1])
        thresholds.append((metrics.roc_curve(y_test, y_scores[i], pos_label=None, sample_weight=None, drop_intermediate=True))[2])

        auc.append(metrics.auc(fpr[i], tpr[i]))
        plt.plot(fpr[i], tpr[i], label='{0} (AUC: {1:0.3f})'.format(models_name[i], auc[i]))
        plt.legend(loc="lower right")
    plt.xlabel('1-Specificity')
    plt.ylabel(':Sensitivity')
    plt.title(title)
    plt.show()
```

图 15-25　画所有的 ROC 曲线函数

```
# 训练模型
from sklearn import linear_model, neighbors, tree, svm, naive_bayes, ensemble, metrics
lr = linear_model.LogisticRegression()
lr.fit(X_train, Y_train)
knn = neighbors.KNeighborsClassifier()
knn.fit(X_train, Y_train)
cart = tree.DecisionTreeClassifier()
cart.fit(X_train, Y_train)
nb = naive_bayes.GaussianNB()
nb.fit(X_train, Y_train)
svm = svm.SVC(probability = True)      # 启用概率估计, 否则后面的 ROC 曲线图报错
svm.fit(X_train, Y_train)
rfc = ensemble.RandomForestClassifier()
rfc.fit(X_train, Y_train)
models_c = []
models_c.append(lr)
models_c.append(knn)
models_c.append(cart)
models_c.append(nb)
models_c.append(svm)
models_c.append(rfc)
names_c = [ 'LR', 'KNN', 'CART', 'NB', 'SVM', 'RFC']
# 列表比较各种模型下的准确率、召回率、精确率、F1-score、AUC
df = pd.DataFrame(evaluates)
df.columns = ['准确率', '召回率', '精确率', 'F1-score', 'AUC']
df.index = names_c
df
```

结果如图 15-26 所示。

	准确率	召回率	精确率	f1-score	auc
LR	0.854545	0.171779	0.528302	0.259259	0.839299
KNN	0.893636	0.343558	0.848485	0.489083	0.832434
CART	0.910000	0.742331	0.679775	0.709677	0.840749
NB	0.857273	0.429448	0.522388	0.471380	0.845179
SVM	0.911818	0.441718	0.923077	0.597510	0.911210
RFC	0.937273	0.662577	0.885246	0.757895	0.897509

图 15-26　比较各种模型下的准确率、召回率、精确率、F1-score、AUC

```
# 画出各种模型的 ROC 曲线图
r, recall, precision, F1, auc, evaluates = evaluateAll(models_c, X_test, Y_test)
drawAllROC(models_c, names_c, X_test, Y_test, "all")
```

结果如图 15-27 所示。

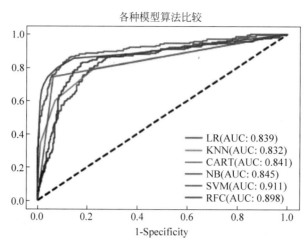

图 15-27　各种模型的 ROC 曲线图

习　　题

任选一个数据集，至少应用 4 种模型进行数据分析和挖掘，并对特征进行可视化分析，最后评价各种模型的效果。

第二部分 机器学习

机器学习(Machine Learning,ML)是一门多领域的交叉学科,涉及概率论、统计学、线性代数、算法等多门学科。它专门研究计算机如何模拟和学习人的行为,以获取新的知识或技能,重新组织已有的知识结构使之不断完善自身的性能。

数据挖掘应用了很多机器学习的算法,而机器学习为数据挖掘提供了更为通用的理论基础。在其他方面机器学习也有十分广泛的应用,例如,计算机视觉、自然语言处理、生物特征识别、搜索引擎、医学诊断、检测信用卡欺诈、证券市场分析、DNA 序列测序、语音和手写识别、战略游戏和机器人运用等。

机器学习的算法非常多,下面将介绍一些最常用的机器学习分类方法。

1. 监督学习

监督学习(Supervised Learning)表示机器学习的数据是带标记的,这些标记可以包括数据类别、数据属性及特征点位置等。这些标记作为预期效果,不断修正机器的预测结果。

具体实现过程是:通过大量带有标记的数据来训练机器,机器将预测结果与期望结果进行比对;之后根据比对结果来修改模型中的参数,再一次输出预测结果;然后将预测结果与期望结果进行比对,重复多次直至收敛,最终生成具有一定健壮性的模型来达到智能决策的能力。

常见的监督学习有分类和回归。

分类(Classification)是将一些实例数据分到合适的类别中,它的预测结果是离散的。

回归(Regression)是将数据归到一条"线"上,即为离散数据生产拟合曲线,因此其预测结果是连续的。

2. 无监督学习

无监督学习(Unsupervised Learning)表示机器学习的数据是没有标记的。机器从无标记的数据中探索并推断出潜在的联系。

常见的无监督学习有聚类和降维。

在聚类(Clustering)工作中,由于事先不知道数据类别,因此只能通过分析数据样本在特征空间中的分布,例如基于密度或基于统计学概率模型等,从而将不同的数据分开,把相似的数据聚为一类。

降维(Dimensionality Reduction)是将数据的维度降低。例如描述一个西瓜,若只考虑外皮颜色、根蒂、敲声、纹理、大小及含糖率这 6 个属性,则这 6 个属性代表了西瓜数据的维度为 6。进一步考虑降维的工作，由于数据本身具有庞大的数量和各种属性特征，若对全部数据信息进行分析，将会增加训练的负担和存储空间。因此，可以通过主成分分析等其他方法，考虑主要影响因素，舍弃次要因素，从而平衡准确度与效率。

3. 强化学习

强化学习（Reinforcement Learning）是带有激励机制的。具体来说，如果机器行动正确，将施予一定的"正激励"；如果行动错误，同样会给出一个惩罚（也可称为"负激励"）。因此，在这种情况下，机器将会考虑如何在一个环境中行动才能达到激励的最大化，具有一定的动态规划思想。

例如，在《贪吃蛇》游戏中，贪吃蛇需要通过不断吃到"食物"来加分。为了不断提高分数，贪吃蛇需要考虑在自身位置上如何转向才能吃到"食物"，这种学习过程便可理解为一种强化学习。

强化学习最为火热的一个应用就是谷歌 AlphaGo 的升级品——AlphaGo Zero。相较于 AlphaGo，AlphaGo Zero 舍弃了先验知识，不再需要人为设计特征，直接将棋盘上黑、白棋子的摆放情况作为原始数据输入到模型中，机器使用强化学习来自我博弈，不断提升自己从而最终出色地完成下棋任务。AlphaGo Zero 的成功，证明了在没有人类的经验和指导下，深度强化学习依然能够出色地完成指定任务。

4. 深度学习

要想具有更强的智慧，除了拥有大量的数据以外还要有好的经验总结和方法。深度学习就是一种实现这种机器学习的优秀技术。深度学习本身是神经网络算法的衍生。

作为深度学习父类的机器学习，是人工智能的核心，它属于人工智能的一个分支。

深度学习是新兴的机器学习研究领域，旨在研究如何从数据中自动地提取多层特征表示，其核心思想是通过数据驱动的方式，采用一系列的非线性变换，从原始数据中提取由低层到高层、由具体到抽象、由一般到特定语义的特征。

深度学习不仅改变着传统的机器学习方法，也影响着人类感知的理解，迄今已在语音识别、图像理解、自然语言处理和视频推荐等应用领域引发了突破性的变革。

通常，在一个使用预测模型的机器学习中的基本步骤可以被分解为如下 6 步。

（1）定义问题：研究和提炼问题的特征，帮助更好地理解项目的目标。

（2）分析数据：通过描述性统计和可视化来分析现有的数据。

（3）准备数据：对数据进行格式化，以便于构建一个预测模型。

（4）评估算法：设计一部分数据，用来评估模型，并选取一部分代表数据，进行分析来改善模型。

（5）改善结果：通过调整和整体化的方法，来提升分类或回归模型预测结果的准确性。

（6）展示结果：完成模型，并执行模型来预测结果和展示。

第16章

主成分分析法

16.1 原理

主成分分析法(Principal Component Analysis,PCA)是一种使用最广泛的数据降维算法。PCA的主要思想是将n维特征映射到k维上,这k维是全新的正交特征,也被称为主成分,是在原有n维特征的基础上重新构造出来的k维特征。PCA的工作就是从原始的空间中顺序地找一组相互正交的坐标轴,新的坐标轴的选择与数据本身是密切相关的。PCA是降维中最常用的一种手段,可用于数据压缩、提取重要信息等领域,它的目标就是基于方差提取最有价值的信息。

为什么要降维呢?很明显,数据中有些内容没有价值,这些内容的存在会影响算法的性能和准确性。如图16-1所示,数据点大部分都分布在x_2方向上,在x_1方向上的取值近似相同,那么对于有些问题就可以直接将x_1坐标的数值去掉,只取x_2坐标的值即可。

但是有些情况不能直接这样取,如图16-2所示。

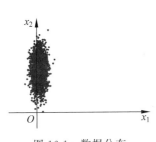

图 16-1 数据分布

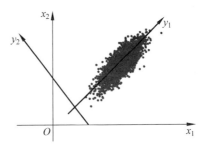

图 16-2 新坐标轴下的数据分布

图16-2的数据分布在x_1和x_2方向都比较均匀,任意去掉一个坐标的数值可能对结果都会有很大的影响。这个时候就是PCA展现作用的时候了。$<x_1,x_2>$坐标系是原始坐标系,$<y_1,y_2>$坐标系是后面构建的坐标系,如果坐标系是原始的,那么这个问题就和上面那个问题一样了,只需要去掉y_2坐标系的数据即可。实际上这两个坐标系是等价的,只不过经常默认使用的就是原始坐标系。主成分分析可以让数据投影到那些数据分布比较分散的平面上,例如图16-2中的y_1,从而忽视y_2的作用,进而达到降维的目的。

假设有m条n维数据,PCA的实现步骤如下。

(1)将原始数据按列组成m行n列的矩阵$\boldsymbol{X}$。

（2）将 X 的每一列（代表一个属性字段）进行零均值化，即减去这一行的均值。

（3）求出协方差矩阵。

$$C = \frac{1}{m-1} X^{\mathrm{T}} X \qquad (16.1)$$

（4）求出协方差矩阵的特征值及对应的特征向量。

（5）将特征向量按对应特征值大小从上到下按行排列成矩阵，取前 k 列组成矩阵 P。

（6）$Y = XP$ 即为降维到 k 维后的数据（$m \times k$）。

其中，方差用来度量一组数据的分散程度，协方差是衡量两个变量同时变化的变化程度。协方差大于 0 表示 x 和 y 若一个增，另一个也增；小于 0 表示一个增，一个减。协方差绝对值越大，两者对彼此的影响越大，反之越小。

矩阵的主成分是其协方差矩阵对应的特征向量，按照对应的特征值大小进行排序，最大的特征值就是第一主成分，其次是第二主成分，以此类推。

PCA 的优点：化繁为简，降低了计算量。

PCA 的缺点：一定程度上损失了精度，并且只能处理"线性问题"。这是一种线性降维技术。

视频讲解

16.2　应用举例

【例 16-1】　已知鸢尾花数据是 4 维的，共 3 类样本，按照 PCA 的实现步骤对鸢尾花数据进行降维，实现在二维平面上的可视化。

（1）读取数据，并且设定第一行的名称。

```python
import numpy as np
import pandas as pd
df = pd.read_csv('iris.csv')
df.columns = ['sepal_len', 'sepal_wid', 'petal_len', 'petal_wid', 'class']
df.head()  # 前 5 行数据如图 16-3 所示
```

	sepal_len	sepal_wid	petal_len	petal_wid	class
0	5.1	3.5	1.4	0.2	setosa
1	4.9	3.0	1.4	0.2	setosa
2	4.7	3.2	1.3	0.2	setosa
3	4.6	3.1	1.5	0.2	setosa
4	5.0	3.6	1.4	0.2	setosa

图 16-3　前 5 行数据

（2）将数据集分为数据类 X 和类别类 y。

```python
X = df.iloc[:,0:4].values
y = df.iloc[:,4].values
```

（3）将数据类 X 的每一列（代表一个属性字段）进行零均值化。

```python
from sklearn.preprocessing import StandardScaler
X_std = StandardScaler().fit_transform(X)
```

（4）求取数据类 X 的协方差矩阵。

方法一：用 NumPy 求取协方差矩阵。

```
print('numpy covariance matrix: \n % s' % np.cov(X_std.T))    # 求 X 的协方差矩阵
# 输出结果如图 16-4 所示
```

```
NumPy covariance matrix:
[[ 1.00671141 -0.11835884  0.87760447  0.82343066]
 [-0.11835884  1.00671141 -0.43131554 -0.36858315]
 [ 0.87760447 -0.43131554  1.00671141  0.96932762]
 [ 0.82343066 -0.36858315  0.96932762  1.00671141]]
```

图 16-4　协方差矩阵

```
mean_vec = np.mean(X_std, axis = 0)
cov_mat = (X_std - mean_vec).T.dot((X_std - mean_vec)) / (X_std.shape[0] - 1)
```

方法二：按照定义。

```
mean_vec = np.mean(X_std, axis = 0)
cov_mat = (X_std - mean_vec).T.dot((X_std - mean_vec)) / (X_std.shape[0] - 1)
print('Covariance matrix \n % s' % cov_mat)
# 输出结果如图 16-5 所示
```

```
Covariance matrix
[[ 1.00671141 -0.11835884  0.87760447  0.82343066]
 [-0.11835884  1.00671141 -0.43131554 -0.36858315]
 [ 0.87760447 -0.43131554  1.00671141  0.96932762]
 [ 0.82343066 -0.36858315  0.96932762  1.00671141]]
```

图 16-5　第二种方法求协方差矩阵

（5）求取协方差矩阵的特征向量和特征值。

```
cov_mat = np.cov(X_std.T)
eig_vals, eig_vecs = np.linalg.eig(cov_mat)
print('Eigenvectors \n % s' % eig_vecs)
print('\nEigenvalues \n % s' % eig_vals)
# 输出结果如图 16-6 所示
```

```
Eigenvectors
[[ 0.52106591 -0.37741762 -0.71956635  0.26128628]
 [-0.26934744 -0.92329566  0.24438178 -0.12350962]
 [ 0.5804131  -0.02449161  0.14212637 -0.80144925]
 [ 0.56485654 -0.06694199  0.63427274  0.52359713]]

Eigenvalues
[ 2.93808505  0.9201649   0.14774182  0.02085386]
```

图 16-6　特征向量和特征值

（6）特征值和特征向量由高到低排序。

```
eig_pairs = [(np.abs(eig_vals[i]), eig_vecs[:,i]) for i in range(len(eig_vals))]
print (eig_pairs)
print ('---------- ')
eig_pairs.sort(key = lambda x: x[0], reverse = True)
print('Eigenvalues in descending order:')
for i in eig_pairs:
    print(i[0])
```

输出结果如图 16-7 所示

```
[(2.9380850501999949, array([ 0.52106591, -0.26934744,  0.5804131 ,  0.56485654])), (0.9201649041624872, array
([-0.37741762, -0.92329566, -0.02449161, -0.06694199])), (0.14774182104494815, array([-0.71956635,  0.24438178,
 0.14212637,  0.63427274])), (0.020853862176462259, array([ 0.26128628, -0.12350962, -0.80144925,  0.52359713]))]
----------
Eigenvalues in descending order:
2.9380850502
0.920164904162
0.147741821045
0.0208538621765
```

图 16-7　特征值排序

（7）取特征值最大的前两个特征向量，组成转换基 P 为 4×2 维。

```
P = np.hstack((eig_pairs[0][1].reshape(4,1),
                         eig_pairs[1][1].reshape(4,1)))
print('Matrix P:\n', P)
```

输出结果如图 16-8 所示。

```
Matrix P:
 [[ 0.52106591 -0.37741762]
 [-0.26934744 -0.92329566]
 [ 0.5804131  -0.02449161]
 [ 0.56485654 -0.06694199]]
```

图 16-8　矩阵 P

（8）验证结果。

① 降维后矩阵 $Y=XP$。

```
Y = X_std.dot(P)
Y
```

运行部分结果如图 16-9 所示。

```
array([[-2.26470281, -0.4800266 ],
       [-2.08096115,  0.67413356],
       [-2.36422905,  0.34190802],
       [-2.29938422,  0.59739451],
       [-2.38984217, -0.64683538],
       [-2.07563095, -1.48917752],
       [-2.44402884, -0.0476442 ],
       [-2.23284716, -0.22314807],
```

图 16-9　降维后矩阵 Y

② 降维前原始数据的可视化。

```
import matplotlib.pyplot as plt
% matplotlib inline
plt.figure(figsize = (6, 4))
for lab, col in zip(('setosa', 'versicolor', 'virginica'),
                    ('blue', 'red', 'green')):
    plt.scatter(X[y == lab, 0],
            X[y == lab, 1],
            label = lab,
            c = col)
```

```
plt.xlabel('sepal_len')
plt.ylabel('sepal_wid')
plt.legend(loc = 'best')
plt.tight_layout()
plt.show()
```

散点图如图 16-10 所示。

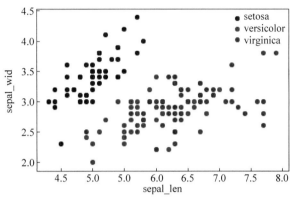

图 16-10 散点图

③ 降维后数据的可视化。

```
plt.figure(figsize = (6, 4))
for lab, col in zip(('setosa', 'versicolor', 'virginica'),
                    ('blue', 'red', 'green')):
    plt.scatter(Y[y == lab,0],
                Y[y == lab,1],
                label = lab,
                c = col)
plt.xlabel('Principal Component 1')
plt.ylabel('Principal Component 2')
plt.legend(loc = 'lower center')
plt.tight_layout()
plt.show()
```

降维后的散点图如图 16-11 所示。

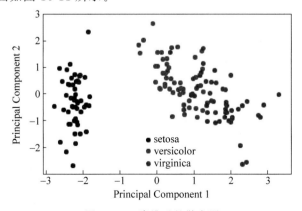

图 16-11 降维后的散点图

结论：由图 16-11 可以看出，经过 PCA 后，基本核心特征被保留，分类的结果更加明显。

【**例 16-2**】 利用 PCA 的算法包对鸢尾花数据进行降维，实现在二维平面上的可视化，并提取主成分贡献率。

```python
# 加载 Matplotlib 用于数据的可视化
import matplotlib.pyplot as plt
# 加载 PCA 算法包
from sklearn.decomposition import PCA
# 加载鸢尾花数据
from sklearn.datasets import load_iris
data = load_iris()             # 以字典形式加载数据
y = data.target                # 使用 y 表示数据集中的标签
x = data.data                  # 使用 x 表示数据集的属性数据
pca = PCA(n_components = 2)     # 加载 PCA 算法,设置降维后的维度为 2
reduced_x = pca.fit_transform(x)
# 对原始数据进行降维,保存在 reduced_x 中
red_x, red_y = [], []
blue_x, blue_y = [], []
green_x, green_y = [], []
# 3 类数据点
for i in range(len(reduced_x)):
    if y[i] == 0:
        red_x.append(reduced_x[i][0])
        red_y.append(reduced_x[i][1])
    elif y[i] == 1:
        blue_x.append(reduced_x[i][0])
        blue_y.append(reduced_x[i][1])
    else:
        green_x.append(reduced_x[i][0])
        green_y.append(reduced_x[i][1])
# 对降维后的数据可视化
plt.scatter(red_x, red_y, c = 'r', marker = 'x')
plt.scatter(blue_x, blue_y, c = 'b', marker = 'D')
plt.scatter(green_x, green_y, c = 'g', marker = '.')
plt.show() # 不同标记的散点图如图 16-12 所示
```

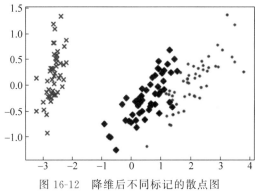

图 16-12　降维后不同标记的散点图

```
pca.explained_variance_          # 两个主成分可解释方差大小
pca.explained_variance_ratio_    # 主成分占比
```

输出结果：

```
array([ 0.92461621,  0.05301557])
pca.explained_variance_ratio_.sum()    # 第一、二主成分共携带97.77%的信息
```

输出结果：

```
0.97763177502480336
```

提取两个主成分的累计贡献率达到了 0.9777，说明主成分的解释效果较好。

习　　题

为了分析某个化工企业的经济效益，选择了 8 个不同的利润指标，12 家企业的统计数据如表 16-1 所示，试进行主成分分析。

表 16-1　12 家化工企业的利润指标的统计数据

变量 企业 序号	净产值利润率 $x_{i1}/\%$	固定资产利润率 $x_{i2}/\%$	总产值利润率 $x_{i3}/\%$	销售收入利润率 $x_{i4}/\%$	产品成本利润率 $x_{i5}/\%$	物耗利润率 $x_{i6}/\%$	人均利润率 $x_{i7}/$(千元·人$^{-1}$)	流动资金利润率 $x_{i8}/\%$
1	40.4	24.7	7.2	6.1	8.3	8.7	2.442	20.0
2	25.0	12.7	11.2	11.0	12.9	20.2	3.542	9.1
3	13.2	3.3	3.9	4.3	4.4	5.5	0.578	3.6
4	22.3	6.7	5.6	3.7	6.0	7.4	0.176	7.3
5	34.3	11.8	7.1	7.1	8.0	8.9	1.726	27.5
6	35.6	12.5	16.4	16.7	22.8	29.3	3.017	26.6
7	22.0	7.8	9.9	10.2	12.6	17.6	0.847	10.6
8	48.4	13.4	10.9	9.9	10.9	13.9	1.772	17.8
9	40.6	19.1	19.8	19.0	29.7	39.6	2.449	35.8
10	24.8	8.0	9.8	8.9	11.9	16.2	0.789	13.7
11	12.5	9.7	4.2	4.2	4.6	6.5	0.874	3.9
12	1.8	0.6	0.7	0.7	0.8	1.1	0.056	1.0

第17章

集成学习

17.1 原理

在机器学习的有监督学习算法中,目标是学习出一个稳定的且在各个方面表现都较好的模型,但实际情况往往不这么理想,有时只能得到多个有偏好的模型(弱监督模型,在某些方面表现得比较好)。集成学习就是组合多个弱监督模型以期得到一个更好、更全面的强监督模型。集成学习潜在的思想是,即便某一个弱分类器得到了错误的预测,其他的弱分类器也可以将错误纠正过来。

集成方法是将几种机器学习技术组合成一个预测模型的元算法,以达到减小方差和偏差或改进预测的效果。

集成学习在各个规模的数据集上都有很好的策略。

数据集大:划分成多个小数据集,学习多个模型进行组合。

数据集小:利用 Bootstrap 方法进行抽样,得到多个数据集,分别训练多个模型再进行组合。

集成学习方法可分为如下两类。

(1) 序列集成方法,其中参与训练的基础学习器按照顺序生成(例如 AdaBoost)。序列集成方法的原理是,利用基础学习器之间的依赖关系,通过对之前训练中错误标记的样本赋值较高的权重,可以提高整体的预测效果。

(2) 并行集成方法,其中参与训练的基础学习器并行生成(例如随机森林)。并行集成方法的原理是,利用基础学习器之间的独立性,通过平均可以显著降低错误。

集成学习方法的特点总结如下。

(1) 将多个分类方法聚集在一起,以提高分类的准确率(使用的算法可以是不同的算法,也可以是相同的算法)。

(2) 集成学习方法由训练数据构建一组基分类器,然后通过对每个基分类器的预测进行投票来进行分类。

(3) 严格来说,集成学习方法并不算是一种分类器,而是一种分类器结合的方法。

(4) 通常一个集成分类器的分类性能会好于单个分类器。

(5) 如果把单个分类器比作一个决策者,则集成学习方法就相当于多个决策者共同进行一项决策。

自然地,就产生两个问题:怎么训练每个算法?怎么融合每个算法?

下面介绍集成学习的几个方法:Bagging、Boosting 以及 Stacking。

1. Bagging

Bagging(Bootstrap Aggregating)即套袋法,先介绍 Bootstrap、Bootstrap 也称自助法,它是一种有放回的抽样方法,目的是得到统计量的分布以及置信区间。其算法过程如下。

(1) 从原始样本集中抽取训练集。每轮从原始样本集中使用 Bootstrap 的方法抽取 n 个训练样本(在训练集中,有些样本可能被多次抽取到,而有些样本可能一次都没有被抽到)。共进行 k 轮抽取,得到 k 个训练集(k 个训练集之间是相互独立的)。

(2) 每次使用一个训练集得到一个模型,k 个训练集共得到 k 个模型(注:这里并没有具体的分类算法或回归方法,可以根据具体问题采用不同的分类或回归方法,如决策树、感知器等)。

(3) 对分类问题,将第(2)步得到的 k 个模型采用投票的方式得到分类结果;对回归问题,计算上述模型的均值作为最后的结果(所有模型的重要性相同)。

下面举例说明 Bagging 方法。

x 表示一维属性,y 表示类标号(1 或 -1)。测试条件:当 $x <= k$ 时,$y = ?$;当 $x > k$ 时,$y = ?$;k 为最佳分裂点。

先给出属性 x 对应的唯一正确的 y 类别,现在进行 3 轮随机抽样,结果如图 17-1 所示。

x	0.1	0.2	0.3	0.4	0.5	0.6	0.7	0.8	0.9	1
y	1	1	1	-1	-1	-1	1	-1	1	1

第一轮: $k=0.75$, $x<=k$, $y=-1$; $x>k$, $y=1$; 准确率 = 70%										
x	0.1	0.4	0.5	0.6	0.6	0.7	0.8	0.8	0.9	0.9
y	1	-1	-1	-1	-1	-1	-1	-1	1	1

第二轮: $k=0.65$, $x<=k$, $y=-1$; $x>k$, $y=1$; 准确率 = 60%										
x	0.1	0.2	0.3	0.4	0.5	0.8	0.9			
y	1	1	1	-1	-1	-1	1			

第三轮: $k=0.35$, $x<=k$, $y=1$; $x>k$, $y=-1$; 准确率 = 90%										
x	0.1	0.2	0.3	0.4	0.4	0.5	0.7	0.7	0.8	0.9
y	1	1	1	-1	-1	-1	-1	-1	-1	1

图 17-1 随机抽样

每一轮随机抽样后,都生成一个分类器,然后再将 5 轮分类融合,如图 17-2 所示。对比符号和实际类,可以发现,在该例子中,Bagging 使得准确率可达 90%。

轮	k	0.1	0.2	0.3	0.4	0.5	0.6	0.7	0.8	0.9	1
1	0.75	-1	-1	-1	-1	-1	-1	-1	1	1	1
2	0.65	-1	-1	-1	-1	-1	-1	1	1	1	1
3	0.35	1	1	1	-1	-1	-1	-1	-1	-1	-1
4	1	1	1	1	1	1	1	1	1	1	1
5	0.4	1	1	1	1	-1	-1	-1	-1	-1	-1
和	—	1	1	1	-1	-3	-3	-3	1	1	1
符号	—	1	1	1	-1	-1	-1	-1	1	1	1
实际类	—	1	1	1	-1	-1	-1	1	-1	1	1

图 17-2 五轮分类融合

由此,总结一下 Bagging 方法。

（1）Bagging 通过降低基分类器的方差,改善了泛化误差。

（2）其性能依赖于基分类器的稳定性。如果基分类器不稳定,Bagging 有助于降低训练数据的随机波动导致的误差;如果基分类器稳定,则集成分类器的误差主要由基分类器的偏倚引起。

（3）由于每个样本被选中的概率相同,因此 Bagging 并不侧重于训练数据集中的任何特定实例。

常用的集成算法类是随机森林。

在随机森林中,集成中的每棵树都是由从训练集中抽取的样本(即 Bootstrap 样本)构建的。另外,与使用所有特征不同,这里随机选择特征子集,从而进一步达到对树的随机化目的。

因此,随机森林产生的偏差略有增加,但是由于对相关性较小的树计算平均值,估计方差减小了,导致模型的整体效果更好。

2. Boosting

其主要思想是将弱分类器组装成一个强分类器。在 PAC(Probably Approximately Correct,概率近似正确)学习框架下,一定可以将弱分类器组装成一个强分类器。

关于 Boosting 的两个核心问题:

（1）在每一轮如何改变训练数据的权值或概率分布?

通过提高在前一轮被弱分类器分错样例的权值,减小前一轮分对样例的权值,来使得分类器对误分的数据有较好的效果。

（2）通过什么方式来组合弱分类器?

通过加法模型将弱分类器进行线性组合,比如:

① AdaBoost(Adaptive Boosting)算法:刚开始训练时对每一个训练例赋相等的权重,然后用该算法对训练集训练 t 轮,每次训练后,对训练失败的训练例赋以较大的权重,也就是让学习算法在每次学习以后更注意学错的样本,从而得到多个预测函数。通过拟合残差的方式逐步减小残差,将每一步生成的模型叠加得到最终模型。

② GBDT(Gradient Boost Decision Tree):每一次的计算是为了减少上一次的残差,GBDT 在残差减少(负梯度)的方向上建立一个新的模型。

3. Stacking

Stacking 方法是指训练一个模型用于组合其他各个模型。首先训练多个不同的模型,然后把之前训练的各个模型的输出作为输入来训练一个模型,以得到一个最终的输出。理论上,Stacking 可以表示上面提到的两种方法,只要采用合适的模型组合策略即可。但在实际中,通常使用 Logistic 回归作为组合策略。

先在整个训练数据集上通过 Bootstrap 抽样得到各个训练集合,以得到一系列分类模型,然后将其输出用于训练第二层分类器。具体的过程如下:

（1）划分训练数据集为两个不相交的集合。

（2）在第一个集合上训练多个学习器。

（3）在第二个集合上测试这几个学习器。

（4）把第（3）步得到的预测结果作为输入,把正确的回应作为输出,训练一个高层学习器。

这里需要注意的是第（1）～（3）步的效果,不是用"赢家通吃",而是使用非线性组合学习器的方法。

4. Bagging 和 Boosting 的区别

1）样本选择

Bagging：训练集是在原始集中有放回地选取的，从原始集中选出的各轮训练集之间是独立的。

Boosting：每一轮的训练集不变，只是训练集中每个样例在分类器中的权重发生变化。而权重是根据上一轮的分类结果进行调整。

2）样例权重

Bagging：使用均匀取样，每个样例的权重相等。

Boosting：根据错误率不断调整样例的权重，错误率越大则权重越大。

3）预测函数

Bagging：所有预测函数的权重相等。

Boosting：每个弱分类器都有相应的权重，对于分类误差小的分类器会有更大的权重。

4）并行计算

Bagging：各个预测函数可以并行生成。

Boosting：各个预测函数只能顺序生成，因为后一个模型参数需要前一轮模型的结果。

决策树与这些算法框架进行结合所得到的新的算法：

（1）Bagging＋决策树＝随机森林。

（2）AdaBoost＋决策树＝提升树。

（3）Gradient Boosting＋决策树＝GBDT。

17.2 应用举例

视频讲解

【例 17-1】 泰坦尼克号数据应用集成学习举例。

（1）获取数据，并输出数据分析的结果，可以发现 Age 列有缺失值。

```
import pandas as pd
titanic = pd.read_csv('Titanic.csv')
titanic.head()
print(titanic.describe())          # 输出结果如图 17-3 所示
```

	PassengerId	Survived	Pclass	Age	SibSp \
count	891.000000	891.000000	891.000000	714.000000	891.000000
mean	446.000000	0.383838	2.308642	29.699118	0.523008
std	257.353842	0.486592	0.836071	14.526497	1.102743
min	1.000000	0.000000	1.000000	0.420000	0.000000
25%	223.500000	0.000000	2.000000	20.125000	0.000000
50%	446.000000	0.000000	3.000000	28.000000	0.000000
75%	668.500000	1.000000	3.000000	38.000000	1.000000
max	891.000000	1.000000	3.000000	80.000000	8.000000

	Parch	Fare
count	891.000000	891.000000
mean	0.381594	32.204208
std	0.806057	49.693429
min	0.000000	0.000000
25%	0.000000	7.910400
50%	0.000000	14.454200
75%	0.000000	31.000000
max	6.000000	512.329200

图 17-3   describe()输出结果

（2）使用中值进行数据填充。

```
titanic['Age'] = titanic['Age'].fillna(titanic['Age'].median())
print(titanic.describe())        # 填充后输出结果如图 17-4 所示
```

	PassengerId	Survived	Pclass	Age	SibSp \
count	891.000000	891.000000	891.000000	891.000000	891.000000
mean	446.000000	0.383838	2.308642	29.361582	0.523008
std	257.353842	0.486592	0.836071	13.019697	1.102743
min	1.000000	0.000000	1.000000	0.420000	0.000000
25%	223.500000	0.000000	2.000000	22.000000	0.000000
50%	446.000000	0.000000	3.000000	28.000000	0.000000
75%	668.500000	1.000000	3.000000	35.000000	1.000000
max	891.000000	1.000000	3.000000	80.000000	8.000000

	Parch	Fare
count	891.000000	891.000000
mean	0.381594	32.204208
std	0.806057	49.693429
min	0.000000	0.000000
25%	0.000000	7.910400
50%	0.000000	14.454200
75%	0.000000	31.000000
max	6.000000	512.329200

图 17-4   填充后 describe()函数输出结果

（3）将 Sex 列的字符串转换为整数。

```
print(titanic['Sex'].unique())
# 0 表示男,1 表示女
titanic.loc[titanic['Sex'] == 'male','Sex'] = 0
titanic.loc[titanic['Sex'] == 'female','Sex'] = 1
```

（4）将 Embarked 列的字符串转换为整数。

```
print(titanic['Embarked'].unique())
titanic["Embarked"] = titanic["Embarked"].fillna('S')
titanic.loc[titanic["Embarked"] == "S", "Embarked"] = 0
titanic.loc[titanic["Embarked"] == "C", "Embarked"] = 1
titanic.loc[titanic["Embarked"] == "Q", "Embarked"] = 2
```

（5）使用线性回归方法。

```
from sklearn.linear_model import LinearRegression
from sklearn.model_selection import KFold
# 预测所用到的特征
predictors = ["Pclass", "Sex", "Age", "SibSp", "Parch", "Fare", "Embarked"]
# 初始化线性回归函数
lg = LinearRegression()
# 初始化 K 折交叉验证函数
# 其中 KFold 是一个类,n_split = 3 表示当执行 KFold 的 split()函数后,数据集被分成 3 份: 两份
# 训练集和一份验证集
kf = KFold(n_splits = 3, shuffle = False)
predictions = []
for train, test in kf.split(titanic):
    train_predictors = titanic[predictors].loc[train, :]
    train_target = titanic['Survived'].loc[train]
    lg.fit(train_predictors, train_target)
    test_predictions = lg.predict(titanic[predictors].loc[test, :])
```

```
        predictions.append(test_predictions)
import numpy as np
predictions = np.concatenate(predictions,axis = 0)
# 匹配输出结果,1 表示生存,0 表示死亡
predictions[predictions > 0.5] = 1
predictions[predictions <= 0.5] = 0
accuracy = sum(predictions == titanic['Survived'])/len(predictions)
print(accuracy)
```

输出结果：

0.783389450056

（6）使用 Logistic 回归方法。

```
from sklearn.linear_model import LogisticRegression
from sklearn.model_selection import cross_val_score
# 初始化 Logistic 回归函数
lr = LogisticRegression(random_state = 1,solver = 'liblinear')
# 应用交叉验证并计算精确分数
scores = cross_val_score(lr,titanic[predictors],titanic['Survived'],cv = 3)
print(scores.mean())
```

输出结果：

0.7878787878787877

（7）使用随机森林方法。

```
from sklearn.model_selection import KFold,cross_val_score
from sklearn.ensemble import RandomForestClassifier
predictors = ["Pclass", "Sex", "Age", "SibSp", "Parch", "Fare", "Embarked"]
# n_estimators:数的个数
# min_samples_split:如果某结点的样本数少于 min_samples_split,则不会继续再尝试选择最优特
# 征来进行划分
# 如果样本量不大,不需要管这个值. 如果样本量数量级非常大,则推荐增大这个值
# min_samples_leaf:这个值限制了叶子结点最少的样本数,如果某叶子结点数目小于样本数,
# 则会和兄弟结点一起被剪枝,如果样本量不大,不需要管这个值,如果大于 10 万样本可尝试取值为 5
rfc = RandomForestClassifier(random_state = 1,
                             n_estimators = 10,
                             min_samples_split = 2,
                             min_samples_leaf = 1)
# 初始化 K 折交叉验证函数
kf = KFold(n_splits = 3,shuffle = False)
scores = cross_val_score(rfc,titanic[predictors],titanic['Survived'],cv = kf)
print(scores.mean())
```

输出结果：

0.7856341189674523

（8）调整参数之后的随机森林。

```
rfc = RandomForestClassifier(random_state = 1,
```

```
                              n_estimators = 100,
                              min_samples_split = 4,
                              min_samples_leaf = 2)
# 初始化 K 折交叉验证函数
kf = KFold(n_splits = 3, shuffle = False)
scores = cross_val_score(rfc, titanic[predictors], titanic['Survived'], cv = kf)
print(scores.mean())
```

输出结果：

```
0.8148148148148148
```

（9）构造新的特征。

```
# 生成一个家庭人数列
titanic["FamilySize"] = titanic["SibSp"] + titanic["Parch"]
# 生成一个姓名长度列
titanic["NameLength"] = titanic["Name"].apply(lambda x:len(x))
import re
def get_title(name):
    # 使用正则表达式搜索标题. 标题总是由大写字母和小写字母组成的, 以句号结尾
    title_search = re.search('([A-Za-z]+)\.', name)
    # 如果标题存在, 则提取并返回它
    if title_search:
        return title_search.group(1)
    return ''
# 得到所有的名字的简称(title)
titles = titanic["Name"].apply(get_title)
print(pd.value_counts(titles))
# 把每个 title 映射成整数, 一些 title 是比较稀少的, 所以被压缩成与其他标题相同的编码
title_mapping = {"Mr": 1, "Miss": 2, "Mrs": 3, "Master": 4, "Dr": 5, "Rev": 6,
"Major": 7, "Col": 7, "Mlle": 8, "Mme": 8, "Don": 9, "Lady": 10, "Countess": 10,
"Jonkheer": 10, "Sir": 9, "Capt": 7, "Ms": 2}
for k, v in title_mapping.items():
    titles[titles == k] = v
print(pd.value_counts(titles))
# 添加一个新的列
titanic['Title'] = titles
```

（10）特征重要性分析。

```
import numpy as np
% matplotlib inline
from sklearn.feature_selection import SelectKBest, f_classif
# f_classif 为方差分析, 用来计算特征的 f 统计量
import matplotlib.pyplot as plt
predictors = ["Pclass", "Sex", "Age", "SibSp", "Parch", "Fare", "Embarked",
"FamilySize", "Title", "NameLength"]
# 特征选择
selector = SelectKBest(f_classif, k = 5)
selector.fit(titanic[predictors], titanic['Survived'])
# 得到每一维特征的 p 值, 把 p 值转换为分数
```

```
scores = - np.log10(selector.pvalues_)
# 画出分数,观察特征的分数
plt.bar(range(len(predictors)),scores)
plt.xticks(range(len(predictors)),predictors,rotation = 'vertical')
plt.show()      # 特征分数如图 17-5 所示
```

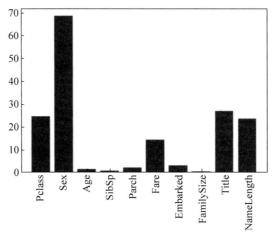

图 17-5　特征分数

根据图 17-5 找出前 4 个最好的特征。

```
predictors = ["Pclass", "Sex", "Fare", "Title"]
rfc = RandomForestClassifier(random_state = 1,
                             n_estimators = 50,
                             min_samples_split = 8,
                             min_samples_leaf = 4)
scores = cross_val_score(rfc,titanic[predictors],titanic['Survived'],cv = 3)
print(scores.mean())
```

输出结果:

```
0.8170594837261503
```

注:f_classif 为方差分析,计算 f 值,$f = \dfrac{S_A/(r-1)}{S_E/(n-r)}$,其中 S_A、S_E 分别是组间和组内离差。利用 f 可以判断假设 H_0 是否成立: f 值越大,大到一定程度时,就有理由拒绝零假设,认为不同总体下的均值存在显著差异,则认为该特征相对来说比较重要。

(11) 模型的集成。

每个算法都会有自己的优缺点,那么可不可以把两个模型集成起来呢? 将 Boosting 算法与 Logistic 回归算法分别进行训练,然后给予不同的权值使得结果更加精确。

```
from sklearn.ensemble import GradientBoostingClassifier
import numpy as np
algorithms = [
 [GradientBoostingClassifier(random_state = 1, n_estimators = 25, max_depth = 3), ["Pclass",
"Sex", "Age", "Fare", "Embarked", "FamilySize", "Title"]],
    [LogisticRegression(random_state = 1, solver = 'liblinear'), ["Pclass", "Sex", "Fare",
```

```
             "FamilySize", "Title", "Age", "Embarked"]]
]
# 初始化交叉熵
kf = KFold(n_splits = 3, shuffle = False)
predictions = []
for train, test in kf.split(titanic):
    train_target = titanic['Survived'].loc[train]
    full_test_predictions = []
    # 使用每个算法进行预测
    for alg, predictors in algorithms:
        alg.fit(titanic[predictors].loc[train, :], train_target)
        # 在测试集上进行预测
        test_predictions = alg.predict_proba(titanic[predictors].loc[test, :].astype
(float))[:, 1]
        full_test_predictions.append(test_predictions)
    test_predictions = (full_test_predictions[0] + full_test_predictions[1]) / 2
    test_predictions[test_predictions <= 0.5] = 0
    test_predictions[test_predictions > 0.5] = 1
    predictions.append(test_predictions)
predictions = np.concatenate(predictions, axis = 0)
# 计算准确率
accuracy = sum(predictions == titanic["Survived"]) / len(predictions)
print(accuracy)
```

输出结果：

```
0.821548821549
```

（12）继续集成。

将随机森林算法与 Logistic 回归算法分别进行训练，然后给予不同的权值使得结果更加精确。

```
from sklearn.model_selection import KFold, cross_val_score
algorithms = [
    [RandomForestClassifier(random_state = 1, n_estimators = 20, min_samples_split = 4, min_
samples_leaf = 2),
     ['Pclass', 'Sex', 'Age', 'Fare', 'Embarked', 'FamilySize', 'Title']],
    [LogisticRegression(random_state = 1),
     ['Pclass', 'Sex', 'Age', 'Fare', 'Embarked', 'FamilySize', 'Title']]
]
kf = KFold(n_splits = 11, random_state = 1)
predictions = []
for train, test in kf.split(titanic):
    train_target = titanic['Survived'].loc[train]
    full_test_predictions = []
    for alg, predictors in algorithms:
        alg.fit(titanic[predictors].iloc[train, :], train_target)
        test_prediction = alg.predict_proba(titanic[predictors].iloc[test, :].astype
(float))[:, 1]
        full_test_predictions.append(test_prediction)
    test_predictions = (full_test_predictions[0] * 2 + full_test_predictions[1]) / 3
```

```
    test_predictions[test_predictions > 0.5] = 1
    test_predictions[test_predictions <= 0.5] = 0
    predictions.append(test_predictions)
predictions = np.concatenate(predictions, axis = 0)
# 计算准确率
accuracy = sum(predictions == titanic['Survived']) / len(predictions)
print(accuracy)
```

输出结果：

```
0.836139169473
```

（13）使用集成学习装袋法。

```
from sklearn.ensemble import BaggingClassifier
predictors = ["Pclass", "Sex", "Fare", "FamilySize", "Title", "Age", "Embarked"]
lr = BaggingClassifier(base_estimator = rfc,
                       n_estimators = 700,
                       random_state = 10)
scores = cross_val_score(lr,titanic[predictors],titanic['Survived'],cv = 3)
print(scores.mean())
```

输出结果：

```
0.83164983165
```

从上面输出结果可以看出，集成学习的准确率比单个模型高。

习　　题

利用集成学习算法进行幸福感预测案例：使用一些变量，例如年龄、性别、职业、地域、健康、婚姻状况与知识水平等；家庭变量，如父母、配偶、子女、家庭资本等；社会变量，例如信用、公共服务等139维度的信息来对幸福感进行预测。数据来源于《中国综合社会调查（CGSS）》文件中的调查结果数据。

模型评估

18.1 分类评估

1. 混淆矩阵

针对二分类问题,将实例分成正类(Postive)或者负类(Negative)。但是实际中分类时,会出现如下 4 种情况。

(1) 若一个实例是正类,被预测为正类,即为真正类(True Postive,TP)。

(2) 若一个实例是正类,被预测成为负类,即为假负类(False Negative,FN)。

(3) 若一个实例是负类,被预测成为正类,即为假正类(False Postive,FP)。

(4) 若一个实例是负类,被预测成为负类,即为真负类(True Negative,TN)。

2. 精确率、准确率、召回率与特异性

精确率(Precision):表示被分为正例的实例中实际为正例的比例。严格的数学定义如下:

$$P = \frac{\text{TP}}{\text{TP} + \text{FP}} \tag{18.1}$$

准确率(Accuracy):表示正确预测的正负实例数与所有实例的比值。

召回率(Recall):表示所有实际为正例的实例被预测为正例的比例,等价于灵敏度(Sensitive,灵敏度通常记为 TPR)。严格的数学定义如下:

$$R = \frac{\text{TP}}{\text{TP} + \text{FN}} \tag{18.2}$$

负例覆盖率(Specificity)表示正确预测的负例数在实际负例数中的比例。严格的数学定义如下:

$$S = \frac{\text{TN}}{\text{FP} + \text{TN}} \tag{18.3}$$

负例错判率(False Positive Rate, FPR):实际负例中,错误地识别为正例的负例比例。严格的数学定义如下:

$$\text{FPR} = \frac{\text{FP}}{\text{FP} + \text{TN}} \tag{18.4}$$

有时也用一个 F1 值来综合评估精确率和召回率,它是精确率和召回率的调和均值。当精确率和召回率都高时,F1 值也会高。严格的数学定义如下:

$$\text{F1} = \frac{2PR}{P + R} \tag{18.5}$$

3. 综合评价指标

精确率和召回率有时会出现矛盾的情况,为了综合考虑,用一个参数 α 来度量两者之间的关系。如果 $\alpha > 1$,则召回率有更大影响;如果 $\alpha < 1$,则精确率有更大影响。自然,当 $\alpha = 1$ 时,精确率和召回率影响力相同。常用的指标就是综合评价指标(F-Measure),F 值越高证明模型越有效。

F-Measure 是精确率和召回率的加权调和平均,定义如下:

$$F = \frac{(\alpha^2 + 1)PR}{\alpha^2(P + R)} \tag{18.6}$$

当参数 $\alpha = 1$ 时,就是上面提到的 F1。

4. ROC 曲线和 AUC

在二分类中,通常会对每个样本计算一个概率值,再根据概率值判断该样本所属的类别,那么这时就需要设定一个阈值来划定正负类。这个阈值的设定会直接影响精确率和召回率,但是对于 AUC 的影响较小,因此通过做 ROC 曲线并计算 AUC 的值来对模型进行更加综合的评价。

1) ROC 曲线

ROC 曲线的作图原理如下:以 TPR(灵敏度,也就是召回率)为 y 轴,以 FPR(1-特异性)为 x 轴,就直接得到了 ROC 曲线。从 FPR 和 TPR 的定义可以理解,TPR 越高,FPR 越小,模型和算法就越高效。也就是画出来的 ROC 曲线越靠近左上越好,如图 18-1 所示。

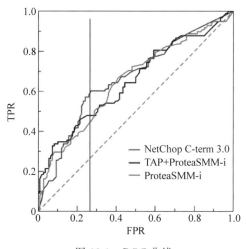

图 18-1　ROC 曲线

在 ROC 空间中,每个点的横坐标是 FPR,纵坐标是 TPR,这也就描绘了分类器在 TP(真正率)和 FP(假正率)间的折中。

ROC 曲线中有 4 个点和一条线。

(1) 点(0,1):即 FPR=0, TPR=1,意味着 FN=0 且 FP=0,将所有的样本都正确分类;

(2) 点(1,0):即 FPR=1,TPR=0,最差分类器,避开了所有正确答案;

(3) 点(0,0):即 FPR=TPR=0,FP=TP=0,分类器预测所有的样本都为负样本(Negative);

（4）点(1,1)：分类器实际上预测所有的样本都为正样本。

总之，ROC曲线越接近左上角，该分类器的性能越好。

2）AUC

AUC被定义为ROC曲线下的面积，即AUC是ROC的积分，显然这个面积的数值不会大于1。随机挑选一个正样本以及一个负样本，分类器判定正样本的值高于负样本的概率就是AUC值。

总之，AUC值越大的分类器，正确率越高，如图18-2所示。

（1）AUC=1：绝对完美分类器。理想状态下，100%完美识别正负类，不管阈值怎么设定都能得出完美预测，绝大多数预测不存在完美分类器。

（2）0.5<AUC<1：优于随机猜测。若这个分类器（模型）妥善设定阈值，可能有预测价值。

（3）AUC=0.5：跟随机猜测一样（如随机丢N次硬币，正反出现的概率为50%），模型没有预测价值。

（4）AUC<0.5：比随机猜测还差，但只要总是反预测而行，就优于随机猜测。因此，不存在AUC<0.5的状况。

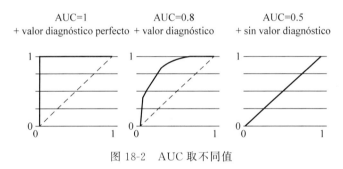

图18-2   AUC取不同值

ROC曲线有一个很好的特性：当测试集中的正负样本的分布变化时，ROC曲线能够保持不变。在实际的数据集中经常会出现不平衡现象，即负样本比正样本多很多（或者相反）。

18.2   回归评估

回归是对连续的实数值进行预测，即输出值是连续的实数值，而分类中是离散值。

1. 平均绝对误差

平均绝对误差（Mean Absolute Error，MAE）又被称为L1范数损失。

$$\text{MAE} = \frac{1}{m} \sum_{i=1}^{m} | (y_i - \hat{y}_i) | \tag{18.7}$$

2. 均方误差

均方误差（Mean Squared Error，MSE）又被称为L2范数损失。

$$\text{MSE} = \frac{1}{m} \sum_{i=1}^{m} (y_i - \hat{y}_i)^2 \tag{18.8}$$

3. 均方根误差

均方根误差（RMSE）是平均平方误差开平方根。

$$RMSE = \sqrt{\frac{1}{m}\sum_{i=1}^{m}(y_i - \hat{y}_i)^2} \tag{18.9}$$

4. 决定系数

决定系数 R_2 为:

$$R_2 = 1 - \frac{\sum_i (\hat{y} - y_i)^2}{\sum_i (\bar{y} - y_i)^2} \quad (\hat{y}_i \text{ 表示预测值}, \bar{y}_i \text{ 表示平均值}) \tag{18.10}$$

其中,分子部分表示真实值与预测值的平方差之和,类似于均方差;分母部分表示真实值与均值的平方差之和,类似于方差。

根据 R_2 的取值来判断模型的好坏,其取值范围为 $[0,1]$:如果结果是 0,说明模型拟合效果很差;如果结果是 1,说明模型无错误。

一般来说,R_2 越大,表示模型拟合效果越好。R_2 反映的是大概有多准,因为随着样本数量的增加,R_2 必然增加,无法真正定量说明准确程度,只能大概定量。

18.3 聚类评估

轮廓系数(Silhouette Coefficient)适用于实际类别信息未知的情况。对于单个样本,设 a 是与它同类别中其他样本的平均距离,b 是与它距离最近不同类别中样本的平均距离,对于一个样本集合,它的轮廓系数是所有样本轮廓系数的平均值。

$$s = \frac{b - a}{\max(a, b)} \tag{18.11}$$

轮廓系数的取值范围为 $[-1,1]$,同类别样本越距离相近且不同类别样本距离越远,则分数越高。

18.4 Scikit-learn 中的评估函数

在 Scikit-learn 中有 3 种方法来评估模型的预测性能。

(1) 学习器的 score() 方法:该方法是每个学习器的方法。

(2) 通过使用 cross-validation 中的模型评估工具来评估,如 cross-validation. cross_val _score() 等方法。

(3) 通过 Scikit-learn 的 metrics 模块中的函数来评估模型的预测性能。

1. 分类问题的性能度量

(1) accuracy_score():该函数用于计算分类结果的准确率。

语法:

```
sklearn.metrics.accuracy_score(y_true, y_pred, normalize = True, sample_weight = None)
```

参数说明如下。

normalize:默认值为 True,返回准确率;如果为 False,则返回正确分类的样本数。

例如：

```
import numpy as np
from sklearn.metrics import accuracy_score
y_pred = [0, 2, 1, 3]
y_true = [0, 1, 2, 3]
accuracy_score(y_true, y_pred)
0.5
accuracy_score(y_true, y_pred, normalize = False)
2
```

可以看出，accuracy_score()就是简单比较 y_pred 与 y_true 不同的样本个数。

准确率是分类问题中最简单、最直观的评价指标，但存在明显的缺陷。如果样本中有99％的样本为正样本，那么分类器只需要一直预测为正，就可以得到99％的准确率，但其实际性能是非常低下的。也就是说，当不同类别样本的比例非常不均衡时，占比大的类别往往成为影响准确率的最主要因素。所以，在多分类问题中一般不直接使用整体的分类准确率，而是使用每个类别下的样本准确率的算术平均作为模型的评估指标。

（2）precision_score()：该函数用于计算分类结果的精确率。

语法：

```
sklearn.metrics.precision_score(y_true, y_pred, labels = None, pos_label = 1, average = 'binary',
sample_weight = None)
```

参数说明如下。

pos_label：一个字符串或整数，指定哪个标记值属于正类。

average：评价值的平均值的计算方式。可以接收[None，'binary'(default)，'micro'，'macro'，'samples'，'weighted']，对于多类/多标签目标需要此参数。

sample_weight：样本权重，默认每个样本的权重为1。

（3）recall_score()：该函数用于计算分类结果的召回率。

语法：

```
sklearn.metrics.recall_score(y_true, y_pred, labels = None, pos_label = 1, average = 'binary',
sample_weight = None)
```

（4）f1_score()：该函数用于计算分类结果的 F1 值。

语法：

```
sklearn.metrics. f1_score (y_true, y_pred, labels = None, pos_label = 1, average = 'binary',
sample_weight = None)
```

精确率体现了模型对负样本的区分能力，精确率越高，模型对负样本的区分能力越强；召回率体现了模型对正样本的识别能力，召回率越高，模型对正样本的识别能力越强。F1是两者的综合，F1 越高，说明模型越稳健。

例如：

```
from sklearn.metrics import accuracy_score,precision_score,recall_score,f1_score
y_true = [1,1,1,1,1,0,0,0,0,0]
y_pred = [0,0,1,1,0,0,0,0,0,0]
```

```
print("准确率:",accuracy_score(y_true,y_pred,normalize = True))
print("精确率:",precision_score(y_true,y_pred))
print("召回率:",recall_score(y_true,y_pred))
print("F1 值:",f1_score(y_true,y_pred))
```

这里给出 10 个样本的真实分类标记，以及对应的预测分类标记，而且将 1 标记为正类。
运行结果如下：

```
准确率: 0.7
精确率: 1.0
召回率: 0.4
F1 值: 0.5714285714285715
```

（5）classification_report()：该函数用于显示主要分类指标的文本报告，在报告中显示
每个类的精确度、召回率、F1 值等信息。

语法：

```
sklearn.metrics.classification_report (y_true, y_pred, labels = None, target_names = None,
sample_weight = None,digits = 2)
```

参数说明如下。

labels：指定报告中出现哪些类别。

target_names：指定报告中类别对应显示出来的名字。

digits：格式化报告中的浮点数，保留几位小数。

例如：

```
print ( "classification_report:\n", classification_report (y_true, y_pred, target_names
= ["class_0","class_1"]))
```

运行结果如下：

```
classification_report:
              precision    recall   f1 - score   support
    class_0      0.62       1.00      0.77          5
    class_1      1.00       0.40      0.57          5
avg / total      0.81       0.70      0.67         10
```

（6）confusion_matrix()：该函数用于显示分类结果的混淆矩阵。

语法：

```
sklearn.metrics.confusion_matrix(y_true, y_pred, labels = None)
```

例如：

```
print ( "confusion_matrix:\n", confusion_matrix (y_true, y_pred,labels = [0,1]))
```

运行结果如下：

```
confusion_matrix:
[[5 0]
 [3 2]]
```

其中：5 表示真实标记为 0，预测标记为 0 的样本数量为 5；

0 表示真实标记为 0，预测标记为 1 的样本数量为 0。

3 表示真实标记为 1，预测标记为 0 的样本数量为 3。

2 表示真实标记为 1，预测标记为 1 的样本数量为 2。

（7）roc_curve()：该函数用于绘制 ROC 曲线。

语法：

```
sklearn.metrics.roc_curve(y_true, y_score, pos_label = None, sample_weight = None, drop_
intermediate = True)
```

参数说明如下。

y_true：真实的样本标签，默认为$\{0,1\}$或者$\{-1,1\}$。如果要设置为其他值，则 pos_label 参数要设置为特定值。例如，要令样本标签为$\{1,2\}$，其中 2 表示正样本，则 pos_label$=2$。

y_score：对每个样本的预测结果。

pos_label：正样本的标签。

该函数有如下 3 个返回值：FPR、TPR 和阈值。

例如：

```
import numpy as np
from sklearn import metrics
y = np.array([1, 1, 2, 2])
scores = np.array([0.1, 0.4, 0.35, 0.8])
fpr, tpr, thresholds = metrics.roc_curve(y, scores, pos_label = 2)
print("fpr:",fpr)
print("tpr:",tpr)
print("thresholds:",thresholds)
```

运行结果如下：

```
fpr: [0.   0.5 0.5 1. ]
tpr: [0.5 0.5 1.   1. ]
thresholds: [0.8   0.4   0.35 0.1 ]
```

分析：

```
scores = [0.1, 0.4, 0.35, 0.8]，每个阈值对应一个 FPR 和 TPR.
```

当 thresholds$=0.8$ 时：$0.1<0.8$，第一个样本预测为负样本；$0.4<0.8$，第二个样本预测为负样本；$0.35<0.8$，第三个样本预测为负样本；$0.8\geqslant0.8$，第四个样本预测为正样本。结合每个样本的真实标签，有 TP$=1$，FP$=0$，TN$=2$，FN$=1$。

$$FPR=FP/(FP+TN)=0/(0+2)=0$$
$$TPR=TP/(TP+FN)=1/(1+1)=0.5$$

当阈值取其他三个值时，FPR 和 TPR 同理可得。

（8）auc()：计算 ROC 曲线下的面积 AUC 的值。

语法：

```
sklearn.metrics.auc(x, y)
```

参数说明如下。

x：fpr。

y：tpr。

首先要通过 roc_curve()计算出 FPR 和 TPR 的值，然后再利用 metrics.auc(fpr，tpr)求出 AUC 的值。

例如：

```
import numpy as np
from sklearn import metrics
y = np.array([1, 1, 2, 2])
scores = np.array([0.1, 0.4, 0.35, 0.8])
fpr, tpr, thresholds = metrics.roc_curve(y, scores, pos_label = 2)
print(fpr,'\n',tpr,'\n',thresholds)
print(metrics.auc(fpr,tpr))
```

运行结果如下：

```
[0.  0.5  0.5  1. ]
[0.5  0.5  1.   1. ]
[0.8  0.4  0.35  0.1 ]
0.75
```

2．回归问题的性能度量

（1）mean_squared_error()：计算回归预测的均方误差。

语法：

```
sklearn.metrics.mean_squared_error(y_true, y_pred, sample_weight = None, multioutput =
'uniform_average')
```

参数说明如下。

y_true：真实值。

y_pred：预测值。

sample_weight：样本权重。

multioutput：多维输入输出，默认为'uniform_average'，计算所有元素的均方误差，返回一个标量；也可选择'raw_values'，计算对应列的均方误差，返回一个与列数相等的一维数组。

（2）mean_absolute_error()：计算回归预测的平均绝对误差。

语法：

```
sklearn.metrics.mean_absolute_error(y_true, y_pred, sample_weight = None, multioutput =
'uniform_average')
```

例如：

```
from sklearn.metrics import mean_absolute_error,mean_squared_error
y_true = [1,1,1,1,1,2,2,2,0,0]
y_pred = [0,0,0,1,1,1,0,0,0,0]
print("Mean Absolute Error:",mean_absolute_error(y_true,y_pred))
```

```
print("Mean Square Error:",mean_squared_error(y_true,y_pred))
```

运行结果如下：

```
Mean Absolute Error: 0.8
Mean Square Error: 1.2
```

这里 MAE 为 0.8,$(1+1+1+1+2+2)/10=0.8$。MSE 为 1.2,$(1+1+1+1+4+4)/10=1.2$。

在 Scikit-learn 中不能计算 RMSE,将 MSE 开平方根就可以得到 RMSE 了。

```
from sklearn.metrics import mean_squared_error
import numpy as np
def rmse(y_true, y_pred):
    return np.sqrt(mean_squared_error(y_true, y_pred))
```

此外,标准差(Standard Deviation,SD)的定义如下：

$$SD = \frac{1}{N} \sum_{i=1}^{N} (x_i - \mu)^2 \qquad (18.12)$$

μ 表示平均值：

$$\mu = \frac{1}{N}(x_1 + x_2 + \cdots + x_n) \qquad (18.13)$$

RMSE 与标准差相比,标准差是用来衡量一组数自身的离散程度,而 RMSE 是用来衡量观测值同真值之间的偏差,它们的研究对象和研究目的不同,但是计算过程类似。

第19章

初识深度学习框架Keras

19.1 关于 Keras

1. 简介

Keras 是由纯 Python 语言编写的基于 Theano/TensorFlow 的深度学习框架。Keras 是一个高层神经网络 API，可以基于 TensorFlow、CNTK 与 Theano 等计算框架运行。

Keras 的核心是神经网络，它的意义主要在于使得神经网络的实现更加方便、快捷，因此它本质上是在一些知名的计算框架上进行了一层简化的封装，只对 Keras 使用者暴露出一些简单易用的接口，使用者可以很快了解并上手实现复杂的神经网络架构，而不用关心底层的实现细节。

如果有如下需求，可以优先选择 Keras。

（1）简易和快速的原型设计（Keras 具有高度模块化、极简和可扩充特性）。

（2）支持卷积神经网络和循环神经网络或二者的结合。

（3）无缝 CPU 和 GPU 切换。

2. 设计原则

（1）用户友好。Keras 是为用户设计的 API。用户的使用体验始终是考虑的首要和中心内容。Keras 遵循减少认知困难的最佳实践：Keras 提供一致而简洁的 API，能够极大减少一般应用下用户的工作量，同时，Keras 提供清晰和具有实践意义的 Bug（缺陷）反馈。

（2）模块性。模型可理解为一个层的序列或数据的运算图，完全可配置的模块可以用最少的代价自由组合在一起。具体而言，网络层、损失函数、优化器、初始化策略、激活函数、正则化方法都是独立的模块，可以使用它们来构建自己的模型。

（3）易扩展性。添加新模块超级容易，只需要仿照现有的模块编写新的类或函数即可。创建新模块的便利性使得 Keras 更适合于先进的研究工作。

（4）与 Python 协作。Keras 没有单独的模型配置文件类型（作为对比，Caffe 有），模型由 Python 语言的代码描述，使其更紧凑和更易调试，并提供了扩展的便利性。

3. Keras 的安装

本书选用 TensorFlow 作为 Keras 的底层框架，因此安装 Keras 之前，首先需要安装 TensorFlow。TensorFlow 是 Google 开源的基于数据流图的机器学习框架，支持 Python 和 C++程序开发语言。轰动一时的 AlphaGo 就是使用 TensorFlow 进行训练的，其命名基于工作原理，Tensor 意为张量（即多维数组），Flow 意为流动。即多维数组从数据流图一端流动到另一端。目前该框架支持 Windows、Linux、Mac 乃至移动手机端等多种平台。

首先默认已经安装了 Anaconda 集成环境。

（1）建立虚拟环境。

在 Anaconda 命令提示符下输入：

```
conda create – n tensorflow python = 3.6
```

其中，tensorflow 为自定义虚拟环境的名称。然后激活这个环境。

```
activate tensorflow
```

（2）conda install nb_conda_kernels。

这条命令的目的是在终端启动 Jupyter 时，使 Jupyter 运行在指定的 Conda 虚拟环境中。

（3）安装 CPU 版本的 Keras 的后端 TensorFlow。

```
pip install tensorflow  – i https://pypi.mirrors.ustc.edu.cn/simple/
```

（4）安装 CPU 版本的 Keras。

```
pip install keras = = 2.2.0 – ihttps://pypi.tuna.tsinghua.edu.cn/simple/
```

安装时注意 Keras 和 TensorFlow 的版本对应关系。

19.2　神经网络简介

神经网络的基本理念就是在计算机内模拟（以一种简化但较为可信的方式复制人脑机制）密集相连的脑细胞，从而人们可以让计算机学习东西、识别模式、做出决定，就像人类一样。神经网络的一大魅力就是，不必为它编写程序去学习人类的指令，它能完全自主学习，就像人脑一样。

一个典型的神经网络由几个、上百个、上千个甚至几百万个称为"单元"的人工神经元构成，它们排列在一系列的层中，每个层之间彼此相连。其中一些神经元叫作"输入单元"，用来从外界接收各种各样的信息，神经网络会用这些信息进行学习、识别模式或进行其他处理。还有些神经元位于神经网络的另一边，与"输入单元"方向相反，它们显示神经网络对信息的学习状况，那么这些神经元就叫作"输出单元"。在"输入单元"和"输出单元"之间还有一个或者很多个由"隐藏单元"构成的层——"隐藏层"，和"输入层"及"输出层"一起形成神经网络。神经网络示意图如图 19-1 所示。

大部分神经网络是完全连接的，意思就是，每个隐藏单元及输出单元都和另一边的层中的每个单元连接。一个单元和另一个单元之间的连接都以一个叫作"权重"的数字表示，它可以是正值（当一个单元激发另一个单元时），也可以是负值（当一个单元抑制或阻止另一个单元时）。权重值越高，意味着一个单元对另一个单元的影响越大（这和人脑细胞通过突触相互激发的原理一样）。

卷积神经网络（Convolutional Neural Network，CNN）是第一个被成功训练的多层神经网络结构，具有较强的容错、自学习及并行处理能力。CNN 最初是为识别二维图像形状而

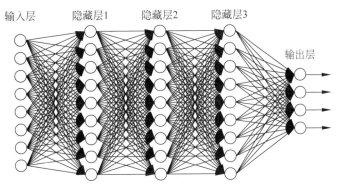

图 19-1 神经网络示意图

设计的多层感知器,局部联结和权值共享网络结构类似于生物神经网络,降低神经网络模型的复杂度,减少权值数量,使网络对于输入具备一定的不变性。经典的 LeNet-5 卷积神经网络结构如图 19-2 所示。

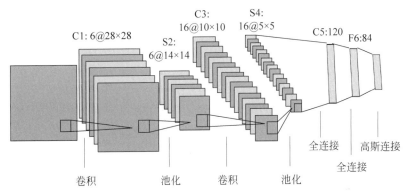

图 19-2 经典的 LeNet-5 卷积神经网络结构

经典的 LeNet-5 卷积神经网络包括了输入层、卷积层、池化层、全连接层和输出层。

(1) 输入层:其结构可以是多维的,如 MNIST 数据集中是 28×28 像素的灰度图片,因此输入为 28×28 的二维矩阵。

(2) 卷积层:使用卷积核提取特征。理解卷积的一个简单方法是考虑作用于矩阵的滑动窗函数。在下面的例子中,如图 19-3 所示,给定输入矩阵 I 和卷积核 K,得到卷积输出。将 3×3 核 K(有时称为滤波器或特征检测器)与输入矩阵逐元素地相乘求和以得到输出卷积矩阵中的一个元素。所有其他元素都是通过在 I 上滑动窗口获得的,例如图 19-3 中 I 的阴影部分与 K 运算,得到卷积左上角的元素 $4=(1\times1+1\times0+1\times1)+(0\times0+1\times1+1\times0)+(0\times1+0\times0+1\times1)$。

(3) 池化层:将卷积得到的特征映射图进行稀疏处理,减少数据量。池化层相比卷积层可以更有效地降低数据维度,不但可以大大减少运算量,还可以有效地避免过拟合。池化的计算方法有最大池化、平均池化等。最大池化如图 19-4 所示,将左图中 4 个区域分别取最大值,得到右图。

(4) 全连接层:对提取后的特征进行恢复,重新拟合,减少因为特征提取而造成的特征丢失。该层的神经元数目需要根据经验和实验结果进行反复调参。

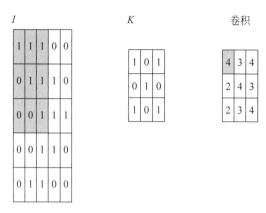

图 19-3　卷积

图 19-4　最大池化

（5）输出层：该层用于将最终的结果进行输出。针对不同的问题，输出层的结构也不相同。例如，MNIST 数据集识别问题中，输出层为有 10 个神经元的向量。

CNN 很擅长处理图像。而视频是图像的叠加，所以同样擅长处理视频内容。

19.3　Keras 神经网络模型

在 Keras 中有两种深度学习的模型：序列模型（Sequential）和通用模型（Model）。两者的差异在于不同的拓扑结构。序列模型是实现全连接网络的最好方式，序列模型是多个网络层的线性堆栈，序列模型各层之间是依次顺序的线性关系，模型结构通过一个列表来制定。通用模型可以设计得非常复杂，可以是任意拓扑结构的神经网络，例如有向无环网络、共享层网络等。相比于序列模型只能依次线性逐层添加，通用模型能够比较灵活地构造网络结构，设定各层级的关系。模型通过 model()方法可以调用很多 API 去实现训练神经网络。

1. Sequential 参数

```
model = Sequential()                    # 创建一个序列模型
model.add(Dense(32, input_dim = 78))    # 添加层
```

2. 配置训练模型

```
model.compile(
    optimizer = "rmsprop",    # 优化器
    loss = None,              # 损失函数的函数名
```

```
    metrics = None,            # 模型在训练和测试期间要评估的指标列表,默认为 accuracy
    loss_weights = None,       # 用于指定标量系数(Python 浮点数)以加权不同模型输出的 损耗贡献.
    # 然后,模型最小化的损失值将是所有单个损失的加权总和,由 loss_weights 系数加权.如果是
    # 列表,则期望与模型的输出具有 1:1 映射.如果是字典,则期望将输出名称(字符串)映射到标
    # 量系数
    weighted_metrics = None,   # 在训练和测试期间要通过 sample_weight 或 class_weight 评估和加
    # 权的指标列表
    run_eagerly = None,        # 默认为 False
    steps_per_execution = None, # 运行的批处理数,默认为 1
```

3. 配置训练数据集的相关参数

```
model.fit(
    x = None,                          # 输入数据
    y = None,                          # 目标数据
    batch_size = None,                 # 批量大小
    epochs = 1,                        # 训练轮数
    verbose = 1,                       # 0、1 或 2.0 为静音,1 为进度条,2 为每个 epoch 输出一行
    callbacks = None,                  # 训练期间要应用的回调列表
    validation_split = 0.0,            # 验证集划分数据集的百分比,在 0 到 1 之间
    validation_data = None,            # 验证集
    shuffle = True,                    # 是否打乱数据集
    class_weight = None,               # 用于对损失函数加权(仅在训练过程中)
    sample_weight = None,              # 训练样本的可选 NumPy 权重数组,用于加权损失函数(仅在
                                       # 训练过程中)
    initial_epoch = 0,                 # 开始训练的 epoch(用于恢复以前的训练运行)
    steps_per_epoch = None,            # 一个 epoch 完成并开始下一个 epoch 之前的总步数
    validation_steps = None,           # 在每个 epoch 结束时执行验证时,在停止之前要绘制的步骤
                                       # 总数(样本批次)
    validation_batch_size = None,      # 每个验证批次的样品数量,默认为 batch - size
    validation_freq = 1,               # 如果为整数,则指定在执行新的验证运行之前要运行多少个
                                       # 训练 epoch
    max_queue_size = 10,               # 生成器队列的最大大小,默认为 10
    workers = 1,                       # 使用基于进程的线程时,要启动的最大进程数
    use_multiprocessing = False,       # 是否开启基于进程的线程
)
```

4. 返回测试模式下模型的损失值和指标值,分批进行计算

```
model.evaluate(
    x = None,                          # 输入数据
    y = None,                          # 目标数据
    batch_size = None,                 # 批量大小
    verbose = 1,                       # 0、1 或 2.详细模式.0 为静音,1 为进度条,2 为每个 epoch 输
                                       # 出一行
    sample_weight = None,              # 测试样本的可选 NumPy 权重数组,用于对损失函数加权
    steps = None,                      # 宣布评估阶段结束之前的步骤总数
    callbacks = None,                  # 评估期间要应用的回调列表
    max_queue_size = 10,               # 生成器队列最大值
    workers = 1,                       # 最大进程数
    use_multiprocessing = False,       # 是否开启基于进程的线程
    return_dict = False,               # 将损失和指标结果作为 dict 返回
)
```

5. 生成输入样本的输出预测，计算是分批进行的

```
model.predict(
    x,                              ♯ 输入样本
    batch_size = None,              ♯ 批量大小
    verbose = 0,                    ♯ 0 或 1
    steps = None,                   ♯ 预测完成之前的总步数
    callbacks = None,               ♯ 预测期间要应用的回调列表
    max_queue_size = 10,            ♯ 生成器队列的最大值
    workers = 1,                    ♯ 最大进程数
    use_multiprocessing = False,    ♯ 是否开启基于进程的线程
)
```

19.4 用 Keras 实现线性回归模型

1. 导入包，创建一元线性方程

```
import numpy as np
import matplotlib.pyplot as plt
% matplotlib inline
from keras.models import Sequential
from keras.layers import Dense
x = np.linspace(0,100,30)
y = 3 * x + 5 + np.random.randn(30) * 10   ♯ 为创建的方程加入一些噪声
```

2. 观察自变量 x 的值

```
X
```

运行结果如下：

```
array([  0.        ,   3.44827586,   6.89655172,  10.34482759,
        13.79310345,  17.24137931,  20.68965517,  24.13793103,
        27.5862069 ,  31.03448276,  34.48275862,  37.93103448,
        41.37931034,  44.82758621,  48.27586207,  51.72413793,
        55.17241379,  58.62068966,  62.06896552,  65.51724138,
        68.96551724,  72.4137931 ,  75.86206897,  79.31034483,
        82.75862069,  86.20689655,  89.65517241,  93.10344828,
        96.55172414, 100.        ])
```

3. 散点图

散点图如图 19-5 所示，可以看出是一条类似 $y = ax + b$ 的直线。

```
plt.scatter(x,y)
```

4. 建立序列模型

```
model = Sequential()
```

5. 输入是一维，输出是一维

```
model.add(Dense(1, input_dim = 1))
```

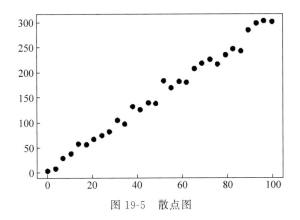

图 19-5 散点图

6. 从下面的输出结果中看到需要训练 *a* 和 *b* 两个参数

```
model.summary()
```

运行结果如下：

```
Layer (type)            Output Shape           Param #
=================================================================
dense_3 (Dense)         (None, 1)               2
=================================================================
Total params: 2
Trainable params: 2
Non-trainable params: 0
```

7. 编译模型，优化函数是 Adam 梯度下降算法，损失函数使用均方差 MSE

```
model.compile(optimizer = 'adam', loss = 'mse')
```

8. 训练 3000 遍

```
model.fit(x, y, epochs = 3000)
```

9. 查看预测结果

预测结果如图 19-6 所示。

```
plt.scatter(x, y, c = 'r')
plt.plot(x, model.predict(x))
```

散点图表示原数据，直线表示预测结果，可以看出，基本预测准确。

10. 利用该模型进行预测

```
model.predict([150])
```

运行结果如下：

```
array([[408.4051]], dtype = float32)
```

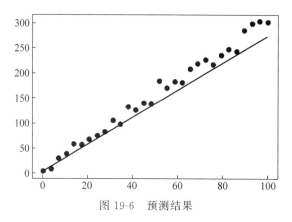

图 19-6　预测结果

视频讲解

19.5　用 Keras 实现鸢尾花分类

这里使用 Scikit-learn 中提供的鸢尾花数据集，该数据集具有 4 个数值型输入项目，输出项目是鸢尾花的 3 个子类。输入层（4 个输入）→隐藏层（4 个神经元）→隐藏层（6 个神经元）→输出层（3 个输出）。本例中创建了模型，并且实现了模型的保存与加载。

```python
from sklearn import datasets
import numpy as np
from keras.models import Sequential
from keras.layers import Dense
from keras.utils import to_categorical
from keras.models import model_from_yaml
dataset = datasets.load_iris()                    ♯ 导入数据
x = dataset.data
Y = dataset.target
Y_labels = to_categorical(Y, num_classes = 3)     ♯ 将 Y 的数据分成 3 类
seed = 7 ♯ 设定随机种子
np.random.seed(seed)
♯ 构建模型函数
def create_model(optimizer = 'rmsprop', init = 'glorot_uniform'):
    ♯ 构建模型
    model = Sequential()
    model.add(Dense(units = 4, activation = 'relu', input_dim = 4, kernel_initializer = init))
    model.add(Dense(units = 6, activation = 'relu', kernel_initializer = init))
    model.add(Dense(units = 3, activation = 'softmax', kernel_initializer = init))
    ♯ 编译模型
    model.compile(loss = 'categorical_crossentropy', optimizer = optimizer, metrics =
['accuracy'])
    return model
♯ 构建模型
model = create_model()
model.fit(x, Y_labels, epochs = 200, batch_size = 5, verbose = 0)
scores = model.evaluate(x, Y_labels, verbose = 0)
print('%s: %.2f%%' % (model.metrics_names[1], scores[1] * 100))
```

```
# 模型保存为 JSON 文件
model_yaml = model.to_yaml()
with open('model.yaml', 'w') as file:
    file.write(model_yaml)
# 保存模型的权重值
model.save_weights('11.h5')
# 从 JSON 加载模型
with open('model.yaml', 'r') as file:
    model_json = file.read()
# 加载模型
new_model = model_from_yaml(model_json)
new_model.load_weights('11.h5')
# 编译模型
new_model.compile(loss = 'categorical_crossentropy', optimizer = 'rmsprop', metrics = ['accuracy'])
# 评估加载的模型
scores = new_model.evaluate(x, Y_labels, verbose = 0)
print('% s: %.2f % %' % (model.metrics_names[1], scores[1] * 100))
```

结果如下：

```
Using TensorFlow backend.
acc: 97.33 %
acc: 97.33 %
```

从运行结果中看出，加载的模型具有较高的准确率。对分类准确率影响比较大的有如下几个因素：神经网络隐含层神经元数目；epochs 的大小；随机种子的值（这个随机种子可以任意设置，本例 seed＝7）。

19.6 Keras目标函数、性能评估函数、激活函数说明

1. 目标函数

（1）mean_squared_error()：均方误差。

（2）mean_absolute_error()：绝对值均差。

（3）mean_absolute_percentage_error()：绝对值百分比误差。

（4）mean_squared_logarithmic_error()：均方对数误差。

（5）squared_hinge()：平方铰链误差，主要用于 SVM。

（6）hinge()：铰链误差，主要用于 SVM。

（7）binary_crossentropy()：常说的 Logistic 回归，就是常用的交叉熵函数。

（8）categorical_crossentropy()：多分类的逻辑。

2. 性能评估函数

（1）binary_accuracy()：对二分类问题，计算在所有预测值上的平均正确率。

（2）categorical_accuracy()：对多分类问题，计算在所有预测值上的平均正确率。

（3）sparse_categorical_accuracy()：与 categorical_accuracy()相同，在对稀疏的目标值预测时有用。

（4）top_k_categorical_accracy()：计算 top-k 正确率，当预测值的前 k 个值中存在目标类别时即认为预测正确。

（5）sparse_top_k_categorical_accuracy()：与 top_k_categorical_accracy()作用相同，但适用于稀疏情况。

3. 激活函数

激活函数是人工神经网络的一个极其重要的特征。它决定一个神经元是否应该被激活，激活代表神经元接收的信息与给定的信息有关。

激活函数实际上是将输入信息做了非线性变换传给下一层神经元。在神经网络中，激活函数基本是必不可少的一部分，因为它增加了模型的复杂性，每层神经元都有一个权重向量 $\boldsymbol{W}$ 和偏置向量 $\boldsymbol{b}$，如果没有了激活函数，神经网络实质上就成了一个线性回归网络，每一次都只是在上一层的基础上做了线性变换，那么它就不能完成比较复杂的学习任务，如语言翻译、图片分类等。

下面介绍常用的激活函数及使用方法。

（1）softmax()函数。

在多分类中常用的激活函数，是基于逻辑回归的，常用在输出一层，将输出压缩在 $0\sim1$ 之间，且保证所有元素和为 1，表示输入值属于每个输出值的概率大小。

（2）Sigmoid()函数。

公式：$Sigmoid(x)=1/(1+\exp(-x))$

Sigmoid()函数用于将实数映射在 $0\sim1$ 范围内，可以用它来做二分类问题。

（3）Relu()函数。

公式：$Relu(x)=\max(0,x)$

Relu()函数可以说是如今使用最广泛的激活函数。从图 19-7 可以看出，当输入小于 0 时，输出和导数（梯度）都为 0，当输入大于 0 时，输出等于输入，导数（梯度）等于 1。Relu()函数及导数曲线如图 19-7 所示。

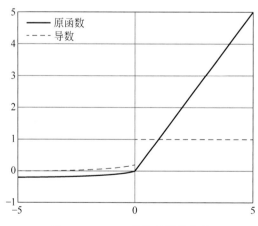

图 19-7　Relu()函数及导数曲线

Relu()函数的一大优点是它不会同时激活所有神经元，即输入值为负时输出为 0，而神经元也不会被激活，也就是说在一段时间内，只有部分神经元被激活，使神经网络变得高效且易于计算。

习　　题

利用 Keras 快速搭建神经网络模型，实现手写数字识别。

提示：

```
# 下载手写数字数据集
import keras.datasets.mnist as mnist
(train_image,train_label),(test_image,test_label) = mnist.load_data()
```

参 考 文 献

［1］　周志华.机器学习［M］.北京：清华大学出版社,2016.

［2］　刘顺祥.从零开始学 Python 数据分析与挖掘［M］.北京：清华大学出版社,2018.

［3］　魏伟一,张国志.Python 数据挖掘与机器学习［M］.北京：清华大学出版社,2021.

［4］　李航.统计学习方法［M］.北京：清华大学出版社,2012.

图书资源支持

感谢您一直以来对清华版图书的支持和爱护。为了配合本书的使用，本书提供配套的资源，有需求的读者请扫描下方的"书圈"微信公众号二维码，在图书专区下载，也可以拨打电话或发送电子邮件咨询。

如果您在使用本书的过程中遇到了什么问题，或者有相关图书出版计划，也请您发邮件告诉我们，以便我们更好地为您服务。

我们的联系方式：

地　　址：北京市海淀区双清路学研大厦 A 座 714

邮　　编：100084

电　　话：010-83470236　010-83470237

客服邮箱：2301891038@qq.com

QQ：2301891038（请写明您的单位和姓名）

资源下载： 关注公众号"书圈"下载配套资源。

资源下载、样书申请

书圈

获取最新书目

观看课程直播